2014年国家社科重大招标项目“食品安全风险社会共治”（14ZDA069）专辑

中国食品安全治理评论

2016 年第 1 卷
总第 4 卷

CHINA FOOD SAFETY MANAGEMENT REVIEW

江苏省食品安全研究基地主办
主编　吴林海
执行主编　王建华

《中国食品安全治理评论》编委会

肖显静　中国社会科学院
应瑞瑶　南京农业大学
张越杰　吉林财经大学
陈　卫　江南大学
陈正行　江南大学
林闽刚　南京大学
金征宇　江南大学
周洁红　浙江大学
周清杰　北京工商大学
赵敏娟　西北农林科技大学
胡武阳　美国肯塔基大学
黄卫东　南京邮电大学
樊红平　国家食品药品监督管理总局

目 录

食品生产经营主体行为研究

食品消费偏好与行为研究

政府监管与政策效果研究

CONTENTS

Food Production Operators Behavior Research

Food Consumption Preference and Behavior Research

Government Regulation and Policy Effect Research

食品生产经营主体行为研究

农户参与合作社的意愿与行为分析

——基于全国651个农户的调查*

钟颖琦　黄祖辉**

摘　要： 农户加入农业专业合作组织有助于规范农户的行为，对提升农产品质量安全具有积极作用。当前农户普遍表示愿意加入合作社，但是农户具有参加合作社的意愿，是否就意味着其能付诸行动？本文通过对全国651个农户的调查，基于扩展的计划行为理论，分别分析了农户加入合作社的意愿和行为的影响因素。结果表明，农户参与合作社的意愿与行为之间存在差异，其相应的影响因素也不尽相同；行为态度、主观规范和知觉行为控制显著影响农户参与合作社的意愿，但农户最终是否加入合作社仅取决于农户的行为态度以及合作社在降低生产风险中的作用；农户对合作社的认知影响其是否加入合作社；计划行为理论适用于农户加入合作社的意愿分析，但不适用于农户加入合作社的行为分析。基于此，赋予合作社更多的职能，发挥合作社在降低农业生产风险方面的作用，鼓励小规模生产者加入合作社，定期对合作社成员进行辅导、培训，有针对性地向农户宣传合作社，对于缩小农户参与合作社的意愿与行为的差异，促进合作

* 本文的研究受国家自然科学基金农林经济管理学科群重点项目“农业产业组织体系与农民合作社发展：以农民合作组织发展为中心的农业产业组织体系创新与优化研究”（项目编号：71333011）、国家自然科学基金项目“基于消费者偏好的可追溯食品消费政策的多重模拟实验研究：猪肉的案例”（项目编号：71273117）、江苏省高校社科重大项目（批准号：2011ZDAXM018）、教育部人文社会科学一般项目（批准号：11YJC630172）的资助。

** 钟颖琦（1989～　），女，河北石家庄人，浙江大学博士研究生，研究方向为农业经济；黄祖辉（1952～　），男，上海人，浙江大学中国农村发展研究院院长，浙江大学求是学院特聘教授、博士生导师，研究方向为产业组织、“三农”问题。

社的进一步发展，发挥其在食品安全治理方面的作用，具有重要意义。

关键词： 农民合作社　意愿　行为　计划行为理论　质量安全

一　引言

近年来频繁爆发的食品安全事件引起我国政府和公众的高度重视。保障食品安全是一个复杂的系统工程，涉及食品供应链的各个环节，其中，作为食品供应链前端的农产品生产环节，是影响食品质量安全的最基础、最关键的环节。农户出于利益的驱动，容易发生机会主义行为，保障农产品的质量安全，关键是对农户的生产行为进行规范。然而，当前我国农业生产普遍存在小规模、分散化的特点，使得对农业生产环节进行监管愈加困难。针对农业生产小规模、分散化的现状，不少学者指出，提高农户的组织化程度能够从源头上提升农产品的质量安全[1~3]。农户加入农业专业合作组织有助于规范农户的行为，对提升农产品的质量安全具有积极作用。农民合作社是农户自发形成的互助性经济组织，具有农民组织化、生产专业化、服务社会化等特点。自 2007 年《中华人民共和国农民专业合作社法》实施以来，农民合作社迅速发展，到 2015 年 10 月底，全国农民合作社数量达到 147.9 万家，入社农户 9997 万户，覆盖了全国 41.7% 的农户①。农民合作社的发展，提高了农业组织化程度，为构建现代农业经营体系发挥了关键作用，也是加强对农产品生产源头的治理，提升农产品质量安全的一条现实路径。尽管我国的农民合作社获得了长足发展，但与发达国家相比，仍存在规模小、组织松散、竞争力不足、带动能力有限等问题。农户是合作社存在和发展的基础，但就目前来看，农户加入合作社的意愿与行为存在偏离，大多数农户表示有意愿加入合作社，但在最终行动上并非如此。农户的合作意愿向合作行为转化的困难是阻碍农民合作社持续健康发展的重要原因之一。如何缩小农户在参与合作社的意愿与行为上的差异，推动合作社健康发展，是我国农业现代化进程中需要解决的现实问题。

---

① 数据来源：http：//news. 1nongjing. com/a/201512/123803. html。

国内学者已就农户加入合作社的意愿进行了详细的研究[4~6]，但现有的研究往往忽略了农户实际加入合作社的行为。农户在参与合作社的意愿与行为上存在差异，影响农户参与合作社意愿的因素与影响其加入合作社行为的因素也不尽相同，鉴于此，本文分别分析了农户参与合作社的意愿和实际入社行为的影响因素，对比二者之间的差异，以期对我国农民合作社的发展提供政策建议。

二 研究假设

计划行为理论（Theory of Planned Behavior，TPB）是由 Ajzen[7~8,13]在理性行为理论（Theory of Reasoned Action，TRA）的基础上，加入知觉行为控制变量发展而来。它从信息加工的角度出发，解释个体行为的一般决策过程。近年来，计划行为理论已被学者们广泛运用于人类行为意愿的研究。计划行为理论认为，行为意向是影响人类行为的最主要因素，行为意向又受到行为态度、主观规范以及知觉行为控制的影响。本文在计划行为理论的基础上进行扩展，引入农户对合作社的认知和合作社的作用两个维度，提出研究假设。

（一）农户对合作社的认知

农户对合作社的功能及其所应承担的义务的认知与其参与合作社的预期收益与付出成本相关。孙亚范等[9]认为，合作社成员对合作盈余返还分配制度的认知程度对其参与合作社的意愿具有显著的正向影响。黄文义等[10]也认为，农户对合作社的了解程度对其入社的行为影响极大，对合作社越了解的农户，入社的可能性越大。胡振等[11]对北京市大桃种植户的研究也支持了这一观点。由此提出以下假设。

H_{11}：农户对合作社的认知水平对其参与合作社的意愿具有正向影响。

H_{12}：农户对合作社的认知水平对其参与合作社的行为具有正向影响。

（二）行为态度

行为态度是指个体对特定行为积极或消极的评价，农户对参与合作社行为的评价越积极，加入合作社的可能性就越大。早在 1983 年，Rhodes 就指出经济收益是影响农民进入或退出合作社的关键因素[12]。根据 Ajzen[13]的量表，农户对合作社的评价主要体现在认为“参与合作社是获益的”、“所接受的服务是令人满意的”以及“参与的行为是有价值的”等几个方面。由此提出以下假设。

H_{21}：农户的行为态度对其参与合作社的意愿具有正向影响。

H_{22}：农户的行为态度对其参与合作社的行为具有正向影响。

（三）合作社的作用

农户在经营过程中通常面临自然灾害、生产资料价格波动等风险，为抵御这些风险，小规模的农户联合起来，按照平等、自愿的原则结成互助组织。因此，合作社在降低农业生产风险方面的作用成为农户参与合作社的重要原因。马彦丽等[14]的研究表明，农户面临的自然灾害、生产资料价格波动、生产资料质量问题以及销售渠道等方面的风险是影响其加入合作社的重要因素。由此提出以下假设。

H_{31}：合作社降低农户风险的作用对其参与合作社的意愿具有正向影响。

H_{32}：合作社降低农户风险的作用对其参与合作社的行为具有正向影响。

（四）主观规范

主观规范是指个体在实施特定行为时感知到的社会压力。农户加入合作社的行为容易受到外部环境的影响。刘宇翔[15]认为，合作社成员的投资意愿受外部政策、环境等因素的影响较大。周亚等[16]也指出，政府的支持力度显著影响农户参加合作社的意愿。此外，家庭成员和邻里乡亲对合作社的看法，也对农户的决策行为具有显著影响[14]。由此提出以下假设。

H_{41}：农户的主观规范对其参与合作社的意愿具有正向影响。

H_{42}：农户的主观规范对其参与合作社的行为具有正向影响。

（五）知觉行为控制

知觉行为控制刻画了个体在实施特定行为时感知到的难易程度。入社门槛的高低、入社程序的复杂程度以及进入退出的自由程度等因素，都可能影响农户参与合作的意愿，由此提出以下假设。

H_{51}：农户的知觉行为控制对其参与合作社的意愿具有正向影响。

H_{52}：农户的知觉行为控制对其参与合作社的行为具有正向影响。

三　问卷设计和模型构建

（一）问卷设计

为分析农户加入合作社的影响因素，江苏省食品安全基地的调查小组于 2015 年 7 ~8 月期间对全国 10 个省份展开了调研。调查共回收农户问卷 651 份，其中加入合作社的为 239 户，占总样本的 36.71%。为进一步分析农户加入合作社的行为，根据扩展的计划行为理论与相关文献设计问卷，共设置 29 个变量（见表 1）。

表 1　假说模型变量

潜变量	可测变量			
	变量名称	取　值	均值	标准差
自身特征（SELF）	年龄（age）	岁	44.478	107.127
	性别（gend）	男 =1；女 =0	0.580	0.244
	受教育程度（edu）	初中及以下 =1；高中（包括中等职业）=2；大专 =3；本科 =4；研究生及以上 =5	1.501	0.620
	耕地面积（scale）	亩	7.829	76.800
	农业收入占家庭总收入的比重（rate）	20% 及以下 =1；21% ~30% =2；31% ~40% =3；41% ~50% =4；51% ~60% =5；60% 以上 =6	3.204	2.764

续表

潜变量	可测变量			
	变量名称	取　值	均值	标准差
对合作社的认知（KNOW）	对合作社的性质、功能的了解程度（x_{11}）	非常不了解 =1；比较不了解 =2；有些不了解 =3；有些了解 =4；比较了解 =5；非常了解 =6	2. 437	1. 216
	对合作社社员应承担义务的认识（x_{12}）		2. 558	1. 234
	对合作社盈余分配制度的了解（x_{13}）		2. 541	1. 283
	对合作社民主决策制度的认识（x_{14}）		2. 578	1. 357
行为态度（ATTI）	加入合作社是有价值的（x_{21}）	非常不同意 =1；比较不同意 =2；有些不同意 =3；有些同意 =4；比较同意 =5；非常同意 =6	3. 556	1. 150
	加入合作社是互惠互利的（x_{22}）		3. 648	1. 157
	合作社提供的服务是令人满意的（x_{23}）		3. 687	1. 195
	加入合作社是令人获益的（x_{24}）		3. 789	1. 231
合作社的作用（EFFEC）	合作社对提高农产品质量的作用（x_{31}）	非常小 =1；比较小 =2；有些小 =3；有些大 =4；比较大 =5；非常大 =6	3. 527	1. 315
	合作社对降低自然灾害影响的作用（x_{32}）		3. 375	1. 301
	合作社对提供农业生产资料的作用（x_{33}）		3. 36	1. 314
主观规范（SN）	亲戚朋友加入合作社的行为，对您决定加入合作社的影响（x_{41}）	非常小 =1；比较小 =2；有些小 =3；有些大 =4；比较大 =5；非常大 =6	3. 194	1. 307
	其他生产者加入合作社的行为，对您决定加入合作社的影响（x_{42}）		3. 102	1. 118
	当地政府鼓励加入合作社的政策，对您决定加入合作社的影响（x_{43}）		3. 660	1. 353
	厂商对农产品的质量要求，对您决定加入合作社的影响（x_{44}）		3. 320	1. 277

续表

潜变量	可测变量			
	变量名称	取　值	均值	标准差
知觉行为控制（PBC）	合作社的相关制度安排公开透明（如产权安排制度等）（x_{51}）	非常不同意 =1；比较不同意 =2；有些不同意 =3；有些同意 =4；比较同意 =5；非常同意 =6	3.915	1.388
	可以很容易提供入社的相关材料（如出资清单等）（x_{52}）		3.918	1.291
	合作社的入社门槛较低（如入股资金、种植规模等要求低）（x_{53}）		4.012	1.317
	加入合作社的程序简单、易操作（x_{54}）		4.056	1.365
	合作社可以自由退出（x_{55}）		4.138	1.447
因变量（INTEN）	加入合作社的意愿（y_1）	非常不愿意 =1；比较不愿意 =2；有些不愿意 =3；有些愿意 =4；比较愿意 =5；非常愿意 =6	3.289	1.428
	对加入合作社的行为是否支持（y_2）	非常不支持 =1；比较不支持 =2；有些不支持 =3；有些支持 =4；比较支持 =5；非常支持 =6	3.350	1.531
	将来加入合作社的可能性（y_3）	不可能 =1；比较不可能 =2；有些不可能 =3；有些可能 =4；比较可能 =5；很可能 =6	3.250	1.513
	是否加入合作社（y_4）	否 =0；是 =1	0.367	—

（二）模型构建

本文采用两种模型分别研究农户参与合作社的意愿与行为。由于农户参与合作的意愿属于农户的主观意志，难以直接观测，且存在难以避免主观测量误差的特点。而结构方程模型比较擅长处理难以直接观测的变量，并可将难以避免的误差纳入模型之中。因此，本文选取结构方程模型分析影响农户参与合作社意愿的主要因素。

结构方程模型一般由 3 个矩阵方程式表示：

$$\eta = B\eta + \Gamma\xi + \zeta \tag{1}$$

$$Y = \lambda_y\eta + \varepsilon \tag{2}$$

$$X = \lambda_x\xi + \delta \tag{3}$$

其中，方程（1）为结构模型，反映模型中潜在外生变量与潜在内生变量的关系，η 为内生潜变量，ξ 为外生潜变量。方程（2）、方程（3）为测量模型，分别反映内生潜变量 η 与内生可测变量 Y、外生潜变量 ξ 与外生可测变量 X 的关系。ε 和 δ 为可测变量 Y 与 X 的测量误差，ζ 为残差项构成的向量。

值得注意的是，农户参与合作社的意愿并不一定会完全转化为参与的行为，由于农户参与合作社的行为只有"加入"和"未加入"两类，因此，本文选取二分类 Logistic 模型，进一步考察农户参与合作社行为的影响因素。具体模型表达式为：

$$b_i = \beta_0 + \sum_{i=1}^{n}\beta_{1i}H_i + \sum_{i=1}^{n}\beta_{2i}K_i + \sum_{i=1}^{n}\beta_{3i}A_i + \sum_{i=1}^{n}\beta_{4i}E_i + \sum_{i=1}^{n}\beta_{5i}S_i + \sum_{i=1}^{n}\beta_{6i}P_i \tag{4}$$

$$\log B_i = \ln\left(\frac{b_i}{1 - b_i}\right) \tag{5}$$

其中，B_i 表示农户是否为合作社的成员，取值为 0 和 1。H_i 为农户的生产特征，包括农业收入占家庭总收入的比重和耕地面积。为与结构方程模型的分析保持一致性，本文仍然选取 K_i（农户对合作社的认知）、A_i（行为态度）、E_i（合作社的作用）、S_i（主观规范）、P_i（知觉行为控制）作为因变量进行回归分析。

四　结果

（一）卡方分析

表 2 显示，农户的受教育程度、耕地面积以及农业收入占家庭总收入的比重不同，其是否加入合作社的行为也显著不同。受教育程度越高的农户加入合作社的可能性越大，农业收入占家庭总收入的比重越低的农户，

加入合作社的可能性越低。耕地面积也显著影响农户是否加入合作社的行为，但具体的关系还需进一步验证。而农户的性别、年龄对其是否加入合作社的行为影响不大。初步分析可能的原因是，农户的受教育程度越高，对合作社的认知越全面，越愿意采用新型的组织模式进行生产，而农业收入占家庭总收入的比重较低的农户，多为混业经营或兼业经营，对加入农业合作社的诉求自然不高。而是否加入合作社通常是一个家庭的行为决策，与农户个体的性别和年龄关系不大。

表 2　农户个体特征对其是否加入合作社影响的卡方分析

是否加入合作社	性　别			受教育程度					
	女	男	合计	初中及以下	高中	大专	本科	研究生及以上	合计
卡方	χ2 = 0.113			χ2 = 11.427					
否	172（42%）	240（58%）	412	275（67%）	106（26%）	22（5%）	9（2%）	0（0%）	412
是	103（43%）	136（57%）	239	139（58%）	65（27%）	24（10%）	9（4%）	2（1%）	239
是否加入合作社	年　龄			耕地面积			农业收入占家庭总收入的比重		
	均值	标准差	合计	均值	方差	合计	低于 40%	高于 40%	合计
卡方	χ2 = 56.152			χ2 = 243.568			χ2 = 18.7539		
否	44.50	10.26	412	8.39	8.82	412	276（67%）	136（33%）	412
是	44.44	10.35	239	6.87	8.60	239	119（50%）	120（50%）	239

（二）因子分析

采用 SPSS 20.0 对样本数据进行因子分析的适当性检验。结果显示，KMO 值为 0.907，Bartlett 球型检验的近似卡方值为 9306.9861，显著性水平为 0.00，说明样本数据适用于因子分析。采用斜交旋转法对农户加入合作社的影响因素进行因子分析，旋转后的因子载荷矩阵如表 3 所示。

表 3　因子旋转后载荷矩阵

变量	成分					
	1	2	3	4	5	6
y_1	0. 275	-0. 058	0. 318	0. 866	-0. 284	0. 403
y_2	0. 207	-0. 210	0. 271	0. 899	-0. 346	0. 346
y_3	0. 265	0. 052	0. 309	0. 872	-0. 134	0. 351
x_{11}	0. 222	-0. 911	0. 027	0. 121	-0. 337	0. 228
x_{12}	0. 310	-0. 930	-0. 078	0. 108	-0. 319	0. 237
x_{13}	0. 290	-0. 923	-0. 096	0. 066	-0. 288	0. 151
x_{14}	0. 286	-0. 906	-0. 133	0. 039	-0. 333	0. 195
x_{21}	0. 452	-0. 255	0. 461	0. 426	-0. 450	0. 885
x_{22}	0. 499	-0. 265	0. 377	0. 452	-0. 400	0. 880
x_{23}	0. 536	-0. 235	0. 327	0. 396	-0. 285	0. 890
x_{24}	0. 485	-0. 226	0. 428	0. 360	-0. 305	0. 870
x_{31}	-0. 881	0. 274	-0. 257	-0. 269	0. 262	-0. 442
x_{32}	-0. 781	0. 400	-0. 195	-0. 316	0. 486	-0. 290
x_{33}	-0. 858	0. 214	-0. 330	-0. 209	0. 298	-0. 331
x_{41}	0. 198	-0. 281	0. 514	0. 222	-0. 835	0. 397
x_{42}	0. 372	-0. 348	0. 256	0. 282	-0. 855	0. 330
x_{43}	0. 270	-0. 093	0. 599	0. 178	-0. 671	0. 436
x_{44}	0. 422	-0. 381	0. 265	0. 319	-0. 767	0. 269
x_{51}	0. 267	0. 046	0. 916	0. 335	-0. 384	0. 434
x_{52}	0. 229	0. 112	0. 892	0. 265	-0. 318	0. 391
x_{53}	0. 266	0. 046	0. 894	0. 244	-0. 382	0. 532
x_{54}	0. 267	0. 012	0. 910	0. 266	-0. 353	0. 392
x_{55}	0. 296	0. 056	0. 894	0. 277	-0. 310	0. 572

（三）信度和效度检验

运用 SPSS 20. 0 对归纳出的 6 个维度进行信度和效度检验，结果如表 4 所示。行为意向、认知程度、行为态度、合作社作用、主观规范和知觉行为控制的克伦巴赫系数 α 分别为 0. 867、0. 938、0. 895、0. 836、0. 792 和

0.934，表明变量之间的内部一致性较好。各维度只有一个公因子且第一公因子的方差贡献率与因子载荷都超过0.7，说明这6个维度具有良好的结构效度，证实了假说模型各维度结构合理，相应的指标变量得以确认。

表4　信度和结构效度检验

项　目	指标数目	克伦巴赫系数α	折半信度系数	公因子数	方差贡献率（%）
WHOLE	20	0.787	0.746	—	—
INTEN	3	0.867	0.763	1	79.067
KNOW	4	0.938	0.918	1	84.584
ATTI	3	0.895	0.778	1	82.878
EFFEC	3	0.836	0.742	1	75.298
SN	3	0.792	0.740	1	71.282
PBC	4	0.934	0.897	1	83.614

（四）农户参与合作社的意愿分析

使用结构方程模型对农户参与合作社意愿的影响因素进行分析，AMOS 20.0的运行结果如表5和表6所示。表5显示了结构方程模型整体拟合检验的结果，可知各评价指标基本达到理想状态，模型整体的拟合度较好。各变量的标准化路径系数如图1所示，结果显示，行为态度、主观规范和知觉行为控制均通过了显著性水平为5%的检验，表明行为态度、主观规范、知觉行为控制对农户参与合作社的意愿具有显著正向影响，假设H_{21}、H_{41}和H_{51}得到验证。行为态度的标准化路径系数为0.48，表明农户对合作社的态度越积极、对合作社所提供服务和收益的评价越高，加入合作社的意愿越强烈。主观规范的标准化路径系数为0.15，表明政府政策、厂商要求以及农户的亲戚朋友的行为等外部环境显著影响农户加入合作社的意愿。知觉行为控制的标准化路径系数是0.13，表明加入合作社的难易程度显著影响农户加入合作社的意愿，入社门槛越低，手续越简便，农户加入合作社的意愿越强烈。各可测变量对潜变量的影响程度也都通过了显著性水平为0.1%的检验，标准化路径系数均在0.5以上。

表 5　结构方程整体拟合结果

拟合指标	评价标准	实际拟合值	结　果
卡方/df	［2，3］	2.661	理　想
GFI	>0.900	0.899	接　近
AGFI	>0.900	0.856	接　近
NFI	>0.900	0.923	理　想
RFI	>0.900	0.900	理　想
IFI	>0.900	0.944	理　想
TLI	>0.900	0.972	理　想
CFI	>0.900	0.944	理　想
RMSEA	<0.08	0.077	理　想

表 6　结构方程模型变量间回归权重

路径	参数估计值	标准误	临界比	标准化路径系数	P　值
结构模型					
INTEN <—KONW	-0.096	0.057	-1.675	-0.092	0.094
INTEN <—ATTI	0.610**	0.099	6.165	0.480	0.000
INTEN <—EFFEC	0.055	0.087	0.631	0.047	0.528
INTEN <—SN	0.189*	0.093	2.024	0.151	0.043
INTEN <—PBC	0.148*	0.065	2.272	0.132	0.023
测量模型					
x_{11} <—KNOW	0.890**	0.035	25.565	0.874	0.000
x_{12} <—KONW	0.938**	0.034	27.466	0.911	0.000
x_{13} <—KONW	0.961**	0.036	26.636	0.898	0.000
x_{14} <—KONW	1.000	—	—	0.884	—
x_{21} <—ATTI	1.024**	0.049	20.756	0.881	0.000
x_{22} <—ATTI	1.069**	0.050	21.284	0.910	0.000
x_{24} <—ATTI	1.000	—	—	0.800	—
x_{31} <—EFFEC	1.000	—	—	0.810	—
x_{32} <—EFFEC	0.951**	0.059	16.173	0.770	0.000
x_{33} <—EFFEC	1.005**	0.060	16.830	0.815	0.000
x_{41} <—SN	0.896**	0.058	15.393	0.804	0.000

续表

路径	参数估计值	标准误	临界比	标准化路径系数	P 值
测量模型					
x_{42} <—SN	0.753**	0.072	10.495	0.555	0.000
x_{44} <—SN	1.000	—	—	0.785	—
x_{51} <—PBC	1.152**	0.043	26.679	0.941	0.000
x_{52} <—PBC	0.993**	0.046	21.657	0.821	0.000
x_{54} <—PBC	1.000	—	—	0.876	—

注：*、**分别表示 P 值小于 0.05 和小于 0.001，拟合结果均显著。

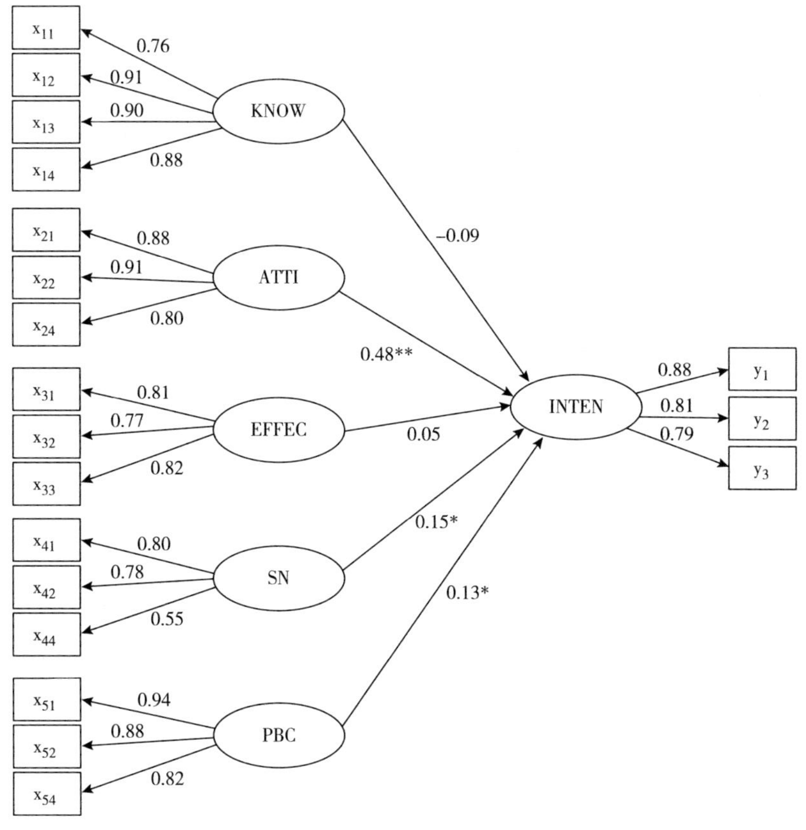

注：*、**分别表示 P 值小于 0.05 和小于 0.001，拟合结果均显著。

图 1　结构方程模型标准化路径系数

（五）农户参与合作社的行为分析

使用二分类 Logistic 对农户加入合作社行为的影响因素进行检验，结果如表 7 所示。可以看到，耕地面积、对合作社的认知、行为态度、合作社的作用均显著地影响农户加入合作社的行为。假设 H_{12}、H_{22}和 H_{32}通过了检验。耕地面积通过了 5% 的显著性水平检验，这与之前卡方检验的结果一致。进一步分析，耕地面积与农户加入合作社的行为呈负相关关系，这表明，耕地面积越小的农户，越有动力加入合作社，而耕地面积越大的农户，加入合作社的可能性越低。对合作社的认知也通过了显著性水平为 5% 的检验，表明农户对合作社的认知程度显著影响其是否加入合作社的行为，值得注意的是，影响的方向为负，即加入合作社的农户反而并不太了解合作社的性质、功能和应承担的义务等，这与假设相悖。可能的解释是，目前农户加入合作社的行为多属于从众行为，并不是基于对合作社的了解所做的决定，已经入社的成员对合社员应承担的义务、合作社的

表 7　农户加入合作社行为的 Logistic 模型回归结果

解释变量	被解释变量（y_4） 是否加入合作社（是 =1，否 =0）			
	回归系数	Wald 统计量	显著性	Exp（B）
农业收入占家庭总收入的比重（rate）	0.041	0.352	0.553	1.042
耕地面积（scale）	-0.027*	4.120	0.042	0.973
对合作社的认知（KNOW）	-0.294*	3.976	0.046	0.746
行为态度（ATTI）	0.271*	4.074	0.044	1.311
合作社的作用（EFFEC）	1.476**	85.537	0.000	4.377
主观规范（SN）	-0.209	2.443	0.118	0.811
知觉行为控制（PBC）	-0.031	0.057	0.811	0.970
-2LL	636.997			
C&S R^2	0.286			
Nagelkerke R^2	0.390			

注：*、**分别表示 P 值小于 0.05 和小于 0.001，拟合结果均显著。从 -2LL、C&S R^2 和 Nagelkerke R^2 值看，模型整体拟合度良好。

盈余分配制度以及民主决策制度也缺乏必要的认识。行为态度对农户加入合作社的行为具有显著影响，且方向为正，这表明，农户对加入合作社的态度越积极，转化为行动的可能性就越大。合作社的作用显著影响农户入社的行为，可以看出，农户最终是否加入合作社，主要取决于合作社在降低生产风险方面的作用，这是农户加入合作社的最主要原因。

五 讨论和政策建议

（一）结果讨论

计划行为理论认为，行为意向决定人类的行为，现实中行为意向转化为行为却存在一定的困难。农户有意向加入合作社并不意味其最终加入了合作社。农户加入合作社的意愿的影响因素与其加入合作社的行为的影响因素也不尽相同，应当区别分析。对比结构方程模型结果和 Logistics 模型结果可知，影响农户加入合作社意愿的主要因素有行为态度、主观规范和知觉行为控制，表明计划行为理论适用于农户加入合作社意愿的分析。然而，对于农户加入合作社的行为，传统的计划行为理论并不适用。

1. 农户最终加入合作社的行为取决于农户对合作社的态度以及合作社在降低生产风险中的作用。而主观规范仅仅影响农户加入合作社的意愿，最终决定进入与否，并不依赖于外部环境。这与 Rhodes 在 1983 年提出的“净收益是影响农民加入或离开合作社行为决策的关键因素”一致。

2. 知觉行为控制显著影响农户加入合作社的意愿，但对农户是否加入合作社影响不大。这是因为农户在考虑是否加入合作社时，入社难易程度、入社门槛高低以及是否能够自由退出等因素都会被纳入考虑范围，成为他们是否加入合作社的重要影响因素，如果入社的程序过于复杂，通常会影响农户参与合作社的意愿。一旦农户做出决定，加入合作社的难易程度就不再成为影响其决策的主要因素。农户最终加入与否，并不直接受到入社难易程度的干扰。

3. 农户对合作社的认知程度与其是否加入合作社呈负相关关系，即加入合作社的农户反而是对合作社不太了解的人群，而对合作社更为了解的农户却并没有加入合作社。值得注意的是，本文得出的反向关系是基于对农户加入合作社的行为分析，与现有的大部分研究不同。现有的研究在调查时只笼统地询问农户是否愿意加入合作社，因而得出结论：对合作社越了解的农户，参与合作社的意愿越强烈。本文对农户事实上是否加入合作社的行为进行分析，得出农户对合作社的认知程度与其是否加入合作社呈反向关系，可能的原因是：①大部分已经加入合作社的农户对合作社的性质、功能、盈余分配制度以及民主决策制度缺乏了解，加入合作社只是从众行为，加入合作社之后也鲜少接受此类培训；②对合作社有些了解的农户，因其了解的信息片面或不准确，对合作社的性质、功能以及应承担的义务存在误解，可能成为阻碍其加入合作社的原因。此外，结构方程模型的结果也表明，对合作社的认知程度并不显著影响其参与合作社的意愿。这是本文与以往研究结论不同的地方。

（二）政策建议

农民合作社发展至今天，已经覆盖了全国近一半的农户，其在数量上获得了长足的发展，然而，在质量上仍显不足。尽管合作社在加强农产品生产源头的治理、提升农产品质量安全方面发挥了重要作用，但合作社尚未形成稳定发展和持续成长的内在机制。当前合作社普遍存在竞争能力不足、带动能力有限等问题，合作社社员对其应承担的义务以及各项制度也缺乏必要认识。农户是合作社发展的基石，农户的加入对合作社的持续成长尤为重要。然而，农户加入合作社的意愿与行为之间存在偏离，尽管大多数农户都有参加合作社的意愿，但真正转化为入社行为的不多。究其原因，一方面，合作社本身治理结构不完善、组织松散；另一方面，合作社的职能发挥不足，如信用功能、保险功能缺失，致使农户难以获得支持以降低农业生产风险。由此，对于合作社本身，应完善治理结构，提升合作社对入社农户的效用，增强合作的竞争力和带动能力；对政府而言，应赋予合作社更多权利，如赋予合作社金融功能、保险功能、抵押功能等，增强合作社在抵御农业生产风险中的作用，发挥合作社在生产销售环节的服务职能。由于耕地面积较小的农户在抵抗自然风险和市场风险上能力不足，对寻求互助合作具有强烈的内生动力，因此应当鼓励小规模生产者加入合作社。尽管从成本收益的角度来看，合作社更愿意吸纳规模农户以降低组织成本，但从合作社设立的初衷来看，小规模生产者理应成为合作社服务的主要对象。政府应加大对小规模生产者的政策倾斜力度，鼓励其加入合作社。针对当前普遍存在的“休眠合作社”的现象，合作社应当定期开展活动，对社员进行辅导、培训，加强社员对合作社制度安排、运行机制的了解，引导社员充分行使民主决策、民主监督的权利。建立合理的盈余分配制度，切实保障社员的利益。增强社员对合作社经营管理者的理解和信赖，保持社员的凝聚力。

参考文献

[1] Matopoulos, A. V., Lachopoulos, M. et al., “A Conceptual Framework for Supply Chain Collaboration,” *Supply Chain Management*, 2007, 12 (3): 177 - 186.

[2] 蒋永穆、高杰：《不同农业经营组织结构中的农户行为与农产品质量安全》，《云南财经大学学报》2013 年第 1 期。

[3] 刘刚、张晓林：《基于农民合作社的农产品质量安全治理研究》，《农业现代化研究》2014 年第 6 期。

[4] 张启文、周洪鹏、吕拴军、胡乃鹏：《农户参与合作社意愿的影响因素分析——以黑龙江省阿城市料甸乡为例》，《农业技术经济》2013 年第 3 期。

[5] 肖全良、王厚俊、刘一芹：《农民合作社成员合作意愿影响因素实证分析——基于广东农民合作社成员的调查》，《南方农村》2015 年第 1 期。

[6] 李升、薛兴利、张玉芹、厉昌习：《山东省烟农参加专业合作社意愿的影响因素分析》，《中国烟草学报》2012 年第 2 期。

[7] Ajzen, I., *From Intentions to Actions: A Theory of Planned Behavior*, *Action Control*. Springer Berlin Heidelberg, 1985.

[8] Ajzen, I., “The Theory of Planned Behavior,” *Organizational Behavior and Human Decision Processes*, 1991, (50): 179 - 211.

[9] 孙亚范、余海鹏：《农民专业合作社成员合作意愿及影响因素分析》，《中国农村经济》2012 年第 6 期。

[10] 黄文义、李兰英、童红卫、王飞、陈雪芹：《农户参与林业专业合作社的影响因

素分析——基于浙江省的实证研究》，《林业经济问题》2011 年第 2 期。

[11] 胡振、李娜：《果农参与合作社的意愿及影响因素分析——以北京市平谷区大桃种植户为例》，《北京农业职业学院学报》2014 年第 6 期。

[12] Rhodes, V. J. , "The Large Agricultural Cooperatives as a Competitor," *American Journal of Agricultural Economics*, 1983, 65 (5): 1090 - 1095.

[13] Ajzen, I. , "Constructing a TPB questionnaire: Conceptual and methodological considerations," 2006, http: //www. people. umass. edu/aizen/.

[14] 马彦丽、施铁坤：《农户加入农民专业合作社的意愿、行为及其转化——基于 13 个合作社 340 个农户的实证研究》，《农业技术经济》2012 年第 6 期。

[15] 刘宇翔：《农民合作组织成员投资意愿的影响因素分析》，《农业技术经济》2010 年第 2 期。

[16] 周亚、杨科星、陈哲：《农户参与农民专业合作社的意愿研究——以武汉市某南瓜合作社为例》，《农村经济与科技》2014 年第 8 期。

农作物病虫害专业化防治对农药施用强度的影响

——基于倾向得分匹配的分析*

应瑞瑶　徐斌**

摘　要：利用全国七省水稻病虫害专业化防治调查数据，基于倾向得分匹配方法，剔除自选择内生性问题的影响，分析农户将水稻病虫害防治环节外包给植保专业化服务组织（统防统治）与自防自治相比使用农药的种类和施用次数的差异，分析植保专业化防治是否取得了较好的环境效应。研究结果表明，植保专业化服务显著降低了农药施用强度，提高了无公害低毒农药的采用率，并且其效果在小农户和规模种植大户之间存在明显差异。据此，建议加大对植保专业化防治项目的财政扶持力度，提高病虫害专业化防治覆盖率；鼓励农户土地流转，促进农业生产规模化经营，从而促进食品质量安全水平的提升和对农业生态环境的保护。

关键词：统防统治　倾向得分匹配　农药施用　内生性

随着我国农村劳动力的转出，农业部门从业者老龄化的现象非常普遍，难以胜任技术要求高、劳动强度大的农作物病虫害科学防治工作[1]。劳动者的病虫害防治技术显著影响农户的农药施用量[2]。一家一户分散防

---

* 国家社会科学基金重大项目“环境保护、食品安全与农业生产服务体系”（批准号：11&ZD155）；江苏省软科学科技思想库专项；江苏省高校优势学科（农林经济管理）专项。

** 应瑞瑶（1959～　），男，浙江东阳人，博士，教授，南京农业大学江苏新农村科技创新思想库研究基地博士生导师，主要研究方向为农业经济理论与政策、资源与环境经济学；徐斌（1976～　），男，江苏连云港人，临沂大学商学院讲师，博士，研究方向为农业资源与环境、农业生产经营方式转型。

治的方式，大部分农户无法掌握专业的植保知识，习惯依赖于已有的经验或农资商店的推荐，缺乏科学防治的依据[3]，难以及时、有效、合理地使用农药，导致农药使用过量，造成农业面源污染，还容易造成农药残留超标所引发的食品安全问题。农作物病虫害“统防统治”是农业社会化服务的主要形式之一。所谓统防统治，是指把一定地域内农作物病虫害防治环节统一交给专业化服务组织，服务组织根据病虫害疫情预警，统一防治时间、统一防治药剂、统一组织实施。统防统治使植保部门能够对数量有限的专业化服务组织提供技术支持和常态化的人员技术培训，使专业化防治人员的技术水平不断提升，可以实现安全、科学、合理用药，保障农产品质量安全，保护农业生态环境。本文利用全国七省水稻病虫害专业化防治调查数据，通过计量模型研究统防统治是否能够降低农药施用强度，从而带来环境保护效应。在研究方法上应用倾向得分匹配方法（Propensity Score Matching，PSM），剔除农户的自选择行为对估计结果的影响，以避免评价误差。

一　文献综述

有关农户的自选择行为对农户环境友好型生产行为或技术采纳的影响的实证文献有两种情况：一是忽略农户的自选择行为，认为其是外生的；二是将农户的自选择行为作为内生变量来处理。大部分研究属于第一种情况，即没有解决农户自选择产生的内生性问题。Jessica 等利用方差分析对美国的苹果种植户进行研究发现，由于规模种植户更多地参与政府的培训项目，因而更倾向于支持政府的禁用剧毒农药计划[4]。Yila 等采用逐步线性回归模型发现，农业生产社会化服务对农户的土壤保护性耕作有显著负向影响[5]。Rahman 利用 Tobit 模型研究农户施药的影响因素，发现农户是否签订订单会显著改变农户的施药行为[6]。Tamini 指出社会群体的网络关系对农户是否使用清洁技术有显著影响，但无法确定这种影响是通过群体的信息渠道还是通过影响农户行为的主观规范来产生作用[7]。还有作者如 Hamilton 等采用案例分析方法论述了北美山区农户加入合作组织显著减少了农药的施用量[8]。国内也有一些学者探讨有关农户选择变量对农户环境友好型技术采纳的影响，如张云华等以山西、陕西和山东 15 个县（市）353 个苹果种植户为调查对象，探讨了其与涉农农户签订合同和加入农民专业技术协会对其使用无公害和绿色农药行为的影响，发现果户与涉农农户和农业专业技术协会的联系是影响其采用无公害和绿色农药乃至其他绿色农业技术的主要因素[9]。褚彩虹、冯淑怡等利用联立双变量 Probit 模型研究了农户是不是合作社成员和农业技术培训经历对农户采用有机肥的影响，认为农户参加合作社对农户采用有机肥有显著正向影响，而农民的农业技术培训对农户是否采用有机肥的影响不显著[10]。

上述研究没有考虑有关农户选择变量的内生性，其潜在假设为农户参加某个项目或活动的行为是一个外生或随机选择的过程。但事实上，农户参与某个项目或活动的行为和农户的环境友好行为或技术采纳往往受到很多共同因素的作用，如农户对环境的认知、农户的资源禀赋及社会资本等[11]。为纠正内生性产生的计量偏误，一些文献利用了工具变量或面板数据倍差等方法，得到的研究结论更加准确。Feder 等利用 1991 ~ 1999 年印度尼西亚的 310 个农户调查面板数据，运用倍差法考察了农民培训学校对入学的农户及其周边农户采纳病虫害综合防治（IPM）的影响，发现农民培训学校对于其毕业农户及其周边农户采纳 IPM 的影响不显著。作者通过扩展的三阶段模型来降低样本选择偏误，发现选择出口的菜农的农药施用量明显低于专注国内市场的菜农的农药施用量[12]。Ali 等采用配对方法（Matching Approach）估算了农民培训对巴基斯坦棉农采纳 IPM 的影响，发现参加农民培训学校的农民的平均 IPM 采纳效果明显好于没有参加培训的农民[13]。

从以上文献梳理可知，从方法论的视角来看，大部分相关研究并未解决农户自选择变量的内生性问题，因而其结论的准确性因内生性的影响而备受质疑，同时笔者在国内尚未检索到有关统防统治对农药施用强度的实证分析。本文将对现有研究进行延伸，利用倾向得分匹配方法，在解决自选择偏误问题的基础上探索统防统治对农作物病虫害防治的影响，并尝试揭示该影响的作用机制。

二　研究方法与数据

（一）模型设定

1. 农户对统防统治服务的选择行为模型

为考察农户选择参加统防统治的影响机制，为后面的匹配分析做准备，我们首先对农户病虫害防治方式的选择行为模型做如下设定：农户对病虫害统防统治服务的选择行为是二元离散选择变量，即 $G_i = 1$ 表示农户采纳病虫害统防统治服务，$G_i = 0$ 表示农户自行防治病虫害。为分析各变量对农户是否采纳统防统治服务的影响，本文建立 Probit 模型如下：

$$P(G_i = 1) = \Phi(\beta_0 + \beta_i' Z_i + \varepsilon_i) \tag{1}$$

其中 Z_i 代表影响农户病虫害统防统治服务选择行为的外生变量向量，借鉴已有研究成果[14]，Z_i 主要包括农户个人特征、农户生产经营特征和非农就业状况等。ε_i 为随机扰动项。

2. 农户倾向得分匹配分析

Behrman 指出，随机分配实验样本可以消除样本可观察和不可观察个人特征的差异所带来的估计偏误，从而测算出无偏的 ATT 值[15]。在随机分配实验样本的情况下，$(Y_{1i}, Y_{0i}) \perp D_i$，并且 $E(Y_{0i} \mid D_i = 1) = E(Y_{0i} \mid D_i = 0)$，则 ATT 值可以表示为：

$$\begin{aligned} E(\delta \mid D_i = 1) &= E(Y_{1i} \mid D_i = 1) - E(Y_{0i} \mid D_i = 1) \\ &= E(Y_{1i} \mid D_i = 1) - E(Y_{0i} \mid D_i = 0) \end{aligned} \tag{2}$$

但农户选择病虫害统防统治或选择自防自治并不是随机的，估计系数存在样本自选择所带来的内生性偏差，影响农户是否采纳统防统治的个人特征差异会影响农户的农药施用强度、使用农药种类以及病虫害防治费用。观察值是非随机实验的，式（2）不成立，应用 OLS 得到的估计系数存在偏误，因此只有在实验结果与实验分配方法无关的条件下，估计系数才是无偏的，但是观察值 $E(Y_{i0} \mid D = 1)$ 是不存在的，因此解决这一问题的常用方法就是倾向得分配对法，PSM 首先假定 $X \perp T \mid P(X)$，是指如果两个农户采纳统防统治的概率相同，那么影响其采纳统防统治的变量是平稳的，即影响农户是否采纳统防统治的因素在两个农户之间不存在显著差异，可通过变量的平行性检验来确定；其次假定 $(Y_0, Y_1) \perp T \mid X$，也就是说，如果保持农户采纳统防统治的影响因素不变，因变量的潜在结果与农户是否采纳病虫害统防统治服务无关。在农户是否采纳统防统治服务可以由一组可观察的变量完全解释的情况下，将多维度的影响因素归结为一维采纳概率得分，从而把采纳统防统治服务的农户和与其特征类似的未采纳统防统治服务的农户在多个维度进行匹配，并假定按照这种匹配原则，因变量在采纳统防统治服务与非采纳统防统治服务之间是随机分配的，进而测算统防统治对农作物病虫害防治行为的净影响。分析流程如下，首先对农户是否采纳统防统治服务的选择行为方程进行回归：

$$PS(v) = \Pr(ser\_adop = 1 \mid v) = E(ser\_adop \mid v) \tag{3}$$

其中 v 表示影响农户采纳统防统治服务的变量，PS 表示农户采纳统防统治服务的概率，即倾向分数（Propensity Score）。由式（3）可以拟合出每一个样本农户采纳统防统治服务的倾向分数，用以对样本农户进行匹配。

接着，根据 Becker [16] 提出的平均处理效应计算公式，求得病虫害统防统治服务对参与农户病虫害防治的平均处理效应（Average Effect of Treatment on the Treated，ATT）：

$$\begin{aligned} ATT &= E(G_{1i} - G_{0i} \mid P_i = 1) = E[E(G_{1i} - G_{0i}) \mid P_i = 1, PS(v_i)] \\ &= E\left\{E[G_{1i} \mid P_i = 1, PS(v_i)]\right\} - E\left\{E[G_{0i} \mid P_i = 0, PS(v_i) \mid P_i = 1]\right\} \end{aligned} \tag{4}$$

其中 G_{1i}、G_{0i}分别表示农户采纳统防统治的病虫害防治特征（施药次数、无公害农药应用比例）变量与未采纳统防统治的农户病虫害防治特征变量。根据式（3）拟合得到的 $PS(v_i)$ 数据是连续的，连续变量的精确匹配是困难的，但可以通过其他非精确匹配方法进行匹配。常用的方法有：最近邻匹配（K - nearest Neighbors Matching）、半径匹配（Radius

Matching）与核匹配（Kernel Matching）。最近邻匹配的方法可以表示为：

$$c(i) = [\ \| PS_i(v) - PS_j(v) \|\ ] \tag{5}$$

其中下标 i 为采纳统防统治服务的农户，下标 j 为没有采纳统防统治服务的农户，c（i）表示跟农户 i 匹配成功的所有农户 j，他们是倾向分数与农户 i 最为接近的一些农户。

同理，半径匹配的方法可以表示为：

$$c(i) = [\ \| PS_i(v) - PS_j(v) \| < r] \tag{6}$$

其中，r 表示为处理组农户在控制组进行匹配时，所设定的匹配得分距离，在此距离范围之内的控制组农户与处理组农户匹配成功。然后，根据给出的计算 ATT 的公式有：

$$ATT^M = 1/N^T \sum_{i \in T} G_i^T - 1/N^T \sum_{i \in C} \omega_j G_i^C \tag{7}$$

其中 M 表示选择的匹配原则，如半径匹配或核匹配原则等，T 为采纳统防统治服务的农户（处理组），C 为没有采纳统防统治服务的农户（控制组），那么式（7）中的权重可写成 $\omega_j = \sum i\omega_{ij}$，其中 $\omega_{ij} = 1/N_i^C$。根据权重 ω_j 不变且采纳统防统治服务的农户相对独立，则可以通过以下公式估计 ATT 的方差：

$$Var(ATT^M) = 1/N^T VAR(G_i^T) + (1/N^T)^2 \sum_{j \in C} (\omega_j)^2 Var(G_j^C) \tag{8}$$

与最近邻匹配和半径匹配方法显著不同，核匹配方法是一种基于非参数的估计方法。为了在控制组中寻找能跟农户 i 匹配的对象，则把农户 i 的 PS 值周围没有采纳统防统治服务的农户进行加权计算，根据农户 i 和农户 j 的 PS 值之差确定其权重。所以，用来跟农户 i 进行匹配的农户并不存在，而是通过相关因素创造出来的虚拟农户（Hypothesized Farmer），其所对应的 G 值就是农户病虫害防治特征变量，也就是对各农户 j 的病虫害防治特征变量求加权平均。核匹配法 ATT 计算公式可以表示为：

$$ATT^K = 1/N^T \sum_{i \in T} \left\{ G_i^{\mathrm{T}} - \frac{\sum_{i \in C} G_i^C B[(PS_j - PS_i)/h_n]}{\sum_{k \in C} B[(PS_k - PS_i)/h_n]} \right\} \tag{9}$$

其中，控制组中用来进行匹配的农户 j 的数目由带宽参数（Bandwidth）h_n 决定，匹配农户病虫害防治变量 $G_j C$ 的权重由高斯核函数（Gaussian Kernel Function）B 来决定。

（二）数据来源及样本概况

本文所用的数据来自 2012 年 7 月至 2013 年 3 月对我国水稻主产区病虫害统防统治的调查。为了体现自然气候和经济发展水平不同地区推行统防统治的差异，使样本具有较好的代表性，本文选择经济发展水平和大田作物种植状况差异明显的 7 个省份作为调研地区，具体包括位于东部沿海经济发达的粮食主产区的山东省、江苏省，位于中部地区经济相对欠发达的河南省、湖北省、江西省和地处北方的水稻主产区的黑龙江省，西部地区选择水稻大省四川省。以上样本地区都是我国的水稻主产区，大田农作物种植面积广泛，较适合开展病虫害统防统治。调查人员共选取 51 个村作为抽样点。按分层抽样方法在每个县选取 1 ~ 2 个村，每个村再随机选择 20 户左右的农户进行入户调查。共获得问卷 1151 份，最终获得有效问卷 1059 份，问卷有效率 92%。农户调查问卷涵盖农户个体特征、家庭人口就业特征、农户生产特征和水稻的生产成本及收益情况。涵盖信息广泛，具有较高的真实性和代表性。

本文通过调研主要了解样本留守务农和农户外出务工人员的自身特征、农户家庭特征、病虫害防治的方式和效果、统防统治的推行情况及农业生产面源污染等问题。其中，农户特征包括农户的年龄、受教育程度、健康状况等；农户家庭特征包括外出打工的类型、家庭收入构成、种植规模等；农业生产经营特征主要包括病虫害防治社会化服务情况、统防统治服务价格和农技推广情况等。具体变量及描述统计见表 1。

表 1　变量定义及描述统计

变量名称	变量定义	均　值	标准差
农户个人特征变量			
age	施药决策者年龄	45.34	11.04
sex	施药决策者性别	0.830	2.020

续表

变量名称	变量定义	均　值	标准差
health	身体健康状况	2.470	0.670
edu	受教育程度	2.580	0.930
experience	稻农种植水稻时间	3.380	0.950
poison	是否喷药中毒及其程度	2.730	0.960
农户家庭特征变量			
offarm_ 1	是否外出务工	0.560	0.530
inc_ offarm	外出务工收入	2.400	1.270
loc_ offarm	打工地点	27 147	32 230
农业生产经营变量			
type	种植户类型	0.040	0.200
area	种植面积	20.08	52.53
ref	与农技员的联系强度	5.420	4.410
num_ farmer	家庭农业劳动力数量	2.260	1.030
price	每亩统防统治价格	104.7	27.09
crop	农作物种类	0.740	0.440

三　实证分析

（一）被解释变量说明

本文所讲的农药施用强度以一季中晚稻种植过程中的施药次数来衡量，农药施用品种以一个样本施用的符合无公害标准的农药种类数占病虫害防治过程中施用的农药种类总数的比例来表示。从整体样本来看，2012 年统防统治户的水稻施药次数均值为 5.69，自防自治户的水稻施药次数为 7.86，统防统治户水稻施药次数的均值比自防自治户施药次数的均值减少了 28%；统防统治户水稻施药次数的中位数为 6，而自防自治户水稻施药次数的中位数为 8。2012 年统防统治户施用高效、低毒、无公害农药的比例均值为 0.98，自防自治户施用高效、低毒、无公害农药的比例均值为 0.56；统防统治户的无公害农药使用比例的中位数为

0.99，自防自治户的无公害农药使用比例的中位数为0.55。具体数据见表2。

表2 水稻农药施用状况

组别	变量	均值	标准差	最小值	中位数	最大值
自防自治	施药次数	7.86	1.69	3	8	12
	无公害农药使用比例	0.56	0.22	0.02	0.55	0.98
统防统治	施药次数	5.69	1.04	3	6	7
	无公害农药使用比例	0.98	0.01	0.97	0.99	1
全部样本	施药次数	6.88	1.79	3	7	12
	无公害农药使用比例	0.75	0.27	0.02	0.89	1

（二）参与统防统治的内生性

正如前文所述，很多不可观测的因素（如农户资源禀赋、农户与农技部门的联系等）可能同时影响农户的病虫害科学防治行为和农户参与统防统治的倾向。例如，参加统防统治的农户，可能其本身的病虫害防治水平就较高，而这种“锦上添花”式的选择过程干扰了对统防统治与农户病虫害规范防治行为之间的因果关系的评估，因为即使没有采用统防统治，这些农户在病虫害规范防治方面的表现也比其他农户更好。所以，如果没有充分考虑这一农户自选择的内生性所产生的估计系数偏误，将会对统防统治与农户自防自治在农药施用强度和施用品种方面的差异评价产生干扰，甚至得出错误的政策效果评价结论。

因此，我们首先对影响其采纳统防统治服务的变量特征进行比较，对比结果如表3所示。从农户非农务工收入水平和打工地点看，我们发现处理组大部分变量的均值大于控制组的变量均值，而且TT均值检验结果表明，农户年龄、受教育程度、外出打工地点和非农就业收入在统计学意义上存在高度显著的组间差别。这说明统防统治户的非农就业特征和社会人口统计特征与自防自治户有明显差别，从另一个角度证明可能存在农户自选择导致的内生性问题。

表 3　农户基本特征分组（是否统防统治）数据

组别	年龄	健康状况	受教育程度	种植经验	中毒经历	劳动力数量	打工地点	打工收入	种植面积	与农技员的联系强度
0	52	2	3	4	3.5	2	2	10000	6	4
1	50 **	2	3 ***	4	3	2	3 *	20000 **	6	4
加总	51	2	3	4	3	2	2	18000	6	4

注：*、**、***分别表示在 10%、5% 和 1% 水平上显著。

从前文分析可知，农户是否采纳统防统治与个人特征、社会人口特征、非农就业等变量有关，这些变量包括年龄、受教育程度、种植规模和种植品种等。另外，农户是否参与统防统治还和农户与农技员的联系有关：与农技员联系密切的农户往往有较好的病虫害防治信息渠道，因此其参加统防统治的可能性也较大。我们在问卷中设计了多个问题，将每年与农技员的联系次数、与农技员的联系方式、与农技员联系的难易程度和农技员的指导是否及时等作为衡量该农户与政府农技部门联系紧密程度的指标，并将其加入参与统防统治的选择方程。选择方程的估计结果由于篇幅所限未列出。本文将统防统治参与方程估计中确定的显著影响因素作为共同支持检验变量（Common Support），并运用 PSM 方法解决农户采纳统防统治服务的内生性问题。

（三）倾向得分匹配分析

根据倾向得分匹配分析的原理，基于前文中统防统治参与选择模型拟合每一个样本农户采纳统防统治服务的倾向分数，并依据该分数对采纳统防统治的农户和没有采纳统防统治的农户进行匹配。笔者选择文献中经常使用的最近邻匹配方法，并将通过半径匹配方法和核密度匹配方法得到的 ATT 值作为检验稳健性的手段。图 1 为匹配前的倾向得分分布图，纵轴代表概率密度，横轴代表倾向得分值。通过非参数 K 密度方法（K - density）对处理组与控制组的倾向分数密度分布函数进行近似，虚线为控制组（自防自治户）情况，实线为处理组（统防统治户）情况。通过实线与虚线分布图可以发现，自防自治组农户的倾向分数的频率峰值在 0.1 左右，统防统治组农户的倾向分数的频率峰值在 0.7 左右。总体来看，统防统治组农户的倾向得分显著高于自防自治组。图 2 是经过最近邻匹配后的倾向分数分布图，因为匹配后的控制组中只保留了与相应参与农户倾向得分最相近的样本，而剔除了匹配失败的样本农户，所以其倾向分数分布发生了明显改变：表示控制组倾向分数概率分布的虚线向右移动明显，且最高频率值移动到 0.5 左右；表示处理组倾向分数概率分布的实线则与匹配前相比没有发生改变。整体上看，两组倾向分数的分布特征基本近似，很直观地表明：按照倾向得分最近邻方法匹配后，有效修正了两组间倾向分数偏差，匹配效果理想。

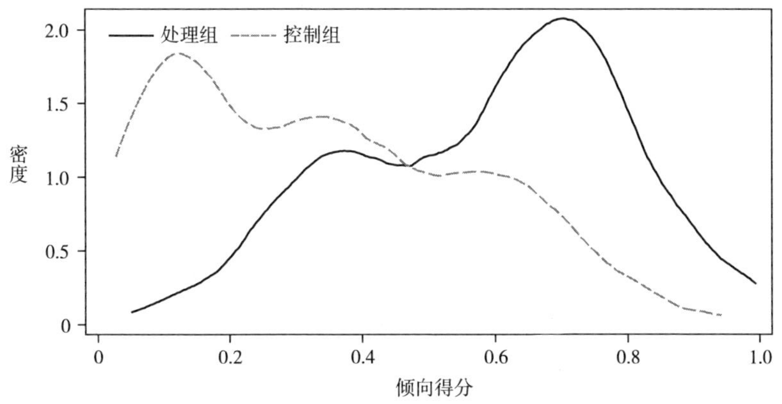

图 1　匹配前样本倾向得分概率分布

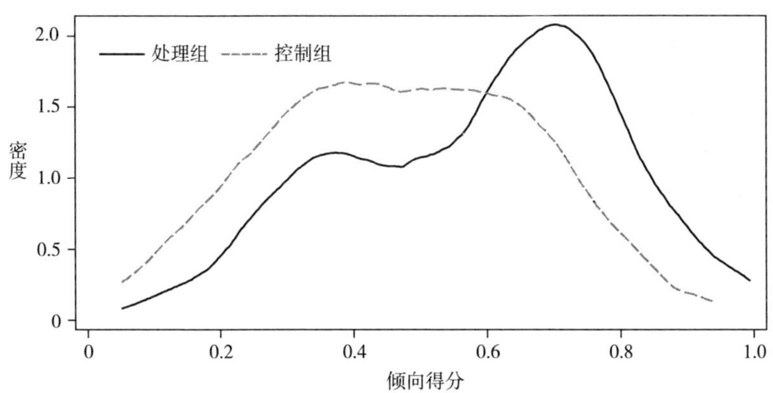

图 2　匹配后样本倾向得分概率分布

经过最近邻匹配后，依据前文介绍的方法计算农户采纳统防统治服务的平均效应值。除总体样本外，我们还将对规模种植的农户进行单独分析，求得其 ATT 值。由于参与统防统治的回归结果显示，规模种植的农户更可能参加统防统治，因此农户是否采纳统防统治的内生性问题在规模种植农户中表现得尤为明显，对其单独进行分析可以更加精确地测算统防统治服务对农药施用强度和施用品种的影响。同时，专业种植大户也是农业部门在推行病虫害统防统治时重点支持的对象，所以本文对其重点讨论，力求通过对专业种植大户采纳统防统治服务的 ATT 值的分析来测算统防统治的实施效果。表 4 总结了对子样本计算的 ATT 值。

表 4　基于最邻近匹配的全样本 ATT 值

被解释变量	样　本	参与组产出	控制组产出	ATT 值	标准误	T 值
施药次数	匹配前	5. 693	7. 870	-2. 177	0. 103	-21. 170
施药次数	匹配后	5. 693	7. 990	-2. 297	0. 184	-12. 460
无公害农药使用比例	匹配前	0. 984	0. 558	0. 425	0. 012	36. 900
无公害农药使用比例	匹配后	0. 984	0. 569	0. 415	0. 021	19. 310

在表 4 中，分别计算了匹配前后处理组与控制组的农户采纳统防统治的环境效应（用病虫害防治次数或高效、低毒、无公害农药的使用比例表示）以及它们的组间差异，匹配后的组间差（ATT 值）就是本文所重点讨论的实施统防统治的环境效应。首先分析用全体样本估算的病虫害防治次数的变化，其 ATT 值为 -2. 297，且显著性水平为 1%，说明采纳统防统治使水稻种植过程中的病虫害防治次数减少 2. 3 次。同时还可以看到，在没匹配以前处理组与控制组的差别是 -2. 177，表明如果忽视农户选择统防统治时所产生的内生性问题，统防统治的作用效果将会被低估。当因变量为高效、低毒、无公害农药的使用比例时，ATT 值为 0. 415，且在 1% 的水平上显著，说明病虫害统防统治使高效、低毒、无公害农药的使用比例上升了 41. 5 个百分点。在没匹配以前处理组与控制组的差别是 0. 01，可以看出如果忽视采纳统防统治服务的内生性问题，同样会高估实施统防统治的效果。以上对比分析说明，病虫害统防统治的推行确实能够提升环境保护水平和食品质量安全水平，并且在促进农户使用高效、低毒、无公害农药方面更为显著。

接下来，我们重点关注规模种植（种植面积大于等于 9 亩）农户。我们从统防统治户样本总体中提取规模种植的农户作为子样本，估算方法同上。

表5的结果显示，无论是农户病虫害防治次数还是高效、低毒、无公害农药的使用比例，在忽视采纳统防统治的内生性问题的情况下，都会导致对病虫害统防统治的实际效果的估计偏误。通过与总体样本的比较分析可以看出，子样本匹配后的ATT值和显著性均有不同程度下降：当因变量为农户病虫害防治次数时，与全样本的ATT值-2.297相比，规模种植农户组的ATT值是-1.206；当因变量为高效、低毒、无公害农药的使用比例时，与全部样本农户的ATT值0.415相比，规模种植农户组的ATT值降低到0.297。可以看出，采纳统防统治服务对水稻病虫害防治环境效应的提升效果在那些非规模种植农户中表现得更显著。原因可能是：首先，规模种植农户本身的资源禀赋较高，因而本身的病虫害防治水平就高；其次，规模种植的农户更关注生产成本，其参加统防统治前的施药次数就不多。因此，相对于小农户，其参加统防统治减少农药使用次数的潜力小，这也印证了在没有统防统治的情况下，小农户比大农户倾向于使用更多的农药。相对于小规模种植户，即使没有参加统防统治，大户也能更好地使用无公害农药，可能的原因是：一方面，大户的经营规模比较大，比较利于政府监管部门控制其农药来源；另一方面，很多农技推广都是以大户为依托进行，其会受到更多的病虫害防治方面的培训，因而比小规模种植户更倾向于使用高效、低毒、无公害的农药。

表5 基于最邻近子样本匹配变量的ATT值

被解释变量	样 本	参与组产出	控制组产出	ATT值	标准误	T值
施药次数	匹配前	5.649	7.018	-1.369	0.147	-9.300
施药次数	匹配后	5.649	6.855	-1.206	0.274	-4.400
无公害农药使用比例	匹配前	0.986	0.667	0.318	0.017	19.130
无公害农药使用比例	匹配后	0.986	0.689	0.297	0.035	8.440

（四）稳健性检验

为验证前文评价统防统治对农药施用强度和施用品种影响的准确性，

本文尝试通过多种匹配方法检验研究结论的稳健性。具体做法是对不同样本情形的观察值进行核匹配与半径匹配，然后分别计算匹配后样本的 ATT 值，将其分别与前文各估算结果进行比对，发现本文得到的研究结论不因匹配方法的改变而发生变化：统防统治的推行显著减少了水稻病虫害防治造成的农药残留超标和农业生态环境污染现象。同时，相对于统防统治总体样本的效果，小规模种植农户样本的 ATT 值更高，说明采纳统防统治对小规模种植户的作用更加显著。

四　结论与讨论

统防统治的推行对于提升病虫害防治的环境效应是明显的。一方面，在统一施药时间、统一防治技术和统一施用农药种类的前提下，可以最大限度地发挥病虫害防治的规模效应，病虫害统防统治是农业生产规模经营在这一环节的具体体现。要准确评估统防统治对减少过量施用农药和滥用高毒农药现象的作用，就必须剔除内生性对评价结果的干扰，因此，本文采用得分倾向匹配法排除内生性的影响。分析结果表明：①统防统治在确保产量不减的情况下，减少了施药次数，这也印证了小农户在自防自治时存在过量施用农药现象，同时统防统治也促进了农户使用无公害农药；②与全体样本相比，采纳统防统治对规模种植户减少施药次数的效果不如全体样本的效果明显，这主要是因为规模种植户自身的防治技术水平较高，另外，统防统治显著促进了规模种植户使用无公害农药。

所以，无论是在施用农药次数，还是在使用农药的种类方面，统防统治都显著促进了病虫害规范防治。因此，要加大对统防统治项目的财政支持力度，准确地防控病虫害，提高防治效果，不断提升病虫害统防统治覆盖率。鼓励农户进行土地流转，推动农业生产规模经营。加强对种植专业户的病虫害防治方面的培训和引导，并着力发挥专业大户的示范带头作用，提高统防统治的效率，同时还要依托专业种植大户和农机专业合作社发展植保合作社等统防统治服务组织，促进食品质量安全水平的提升和对农业生态环境的保护。

参考文献

[1] 徐伟：《提升植保统防统治服务能力》，《江苏农村经济》2011 年第 11 期。

[2] 黄季焜、齐亮、陈瑞剑：《技术信息知识、风险偏好与农民施用农药》，《管理世界》2008 年第 5 期。

[3] 王志刚、吕冰：《蔬菜出口产地的农药使用行为及其对农民健康的影响——来自山东省莱阳、莱州和安丘三市的调研证据》，《中国软科学》2009 年第 11 期。

[4] Jessica, R. G., Nadine, L. and Jay, F. B., "Azinphos - methyl (AZM) Phase - out: Actions and Attitudes of Apple Growers in Washington State," *Renewable Agriculture and Food Systems*, (4): 276 - 286, 2011.

[5] Yila, O. M., Thapa, G. B., "Adoption of Agricultural Land Management Technologies by Smallholder Farmers in the Jos Plateau, Nigeria," *International Journal of Agricultural Sustainability*, 6 (4): 277 - 288, 2008.

[6] Rahman, S., "Farm - level Pesticide Use in Bangladesh: Determinants and Awareness," *Agriculture, Ecosystems & Environment*, 95 (1): 241 - 252, 2003.

[7] Tamini, L. D., "A Nonparametric Analysis of the Impact of Agri - environmental Advisory Activities on Best Management Practice Adoption: A Case Study of Quebec," *Ecological Economics*, 70 (7): 1363 - 1374, 2011.

[8] Hamilton, J., Sidebottom, J., "Mountain Pesticide Education and Safety Outreach Program: A Model for Community Collaboration to Enhance On - farm Safety and Health," *North Carolina medical Journal*, 72 (6): 471 - 473, 2011.

[9] 张云华、马九杰、孔祥智：《农户采用无公害和绿色农药行为的影响因素分析——对山西、陕西和山东 15 县（市）的实证分析》，《中国农村经济》2004 年第 1 期。

[10] 褚彩虹、冯淑怡、张蔚文：《农户采用环境友好型农业技术行为的实证分析——以有机肥与测土配方施肥技术为例》，《中国农村经济》2012 年第 3 期。

[11] Frolich, M., Lechner, M., "Exploiting Regional Treatment Intensity for the Evaluation of Labor Market Policies," *Journal of the American Statistical Association*, 105 (491): 1014 - 1029, 2010.

[12] Feder, G., Murgai, R., Quizon, J. B., "Sending Farmers Back to School: The Impact of Farmer Field Schools in Indonesia," *Applied Economic Perspectives and Policy*, 26 (1): 45 - 62, 2004.

[13] Ali, A., Sharif, M., "Impact of Farmer Field Schools on Adoption of Integrated Pest Management Practices among Cotton Farmers in Pakistan," *Journal of the Asia Pacific Economy*, 17 (3): 498 - 513, 2012.

[14] 钟甫宁、宁满秀、邢鹂：《农业保险与农用化学品施用关系研究——对新疆玛纳斯河流域农户的经验分析》，《经济学》（季刊）2007 年第 1 期。

[15] Behrman, J. R., Deolalikar, A. B., "The Intrahousehold Demand for Nutrients in Rural South India: Individual Estimates, Fixed Effects, and Permanent Income," *Journal of Human Resources*, (4): 665 - 696, 1990.

[16] Becker, S. O., Ichino, A., "Estimation of Average Treatment Effects based on Propensity Scores," *The Stata Journal*, 2 (4): 358 - 377, 2002.

气候变化对水稻质量安全的影响

——基于水稻主产区1063个农户的调查[*]

刘　青　周洁红　王　煜[**]

摘　要： 气候变暖不仅直接影响粮食数量安全，而且也会影响粮食质量安全，特别是以干旱和洪涝为主要特征的极端气候，会影响农药、化肥的施用数量和施用效果，进而影响农产品质量安全。本文基于水稻主产区1063份农户调查数据，以“气候变化感知”作为衡量气候变化对农户影响的指标，从主观、客观两个维度考察了气候变化，特别是以干旱和洪涝为主要特征的极端气候对稻农的农药、化肥施用行为的影响。研究发现，核心变量“气候变化感知”对农户的农药、化肥施用产生了显著影响，气候变化感知程度高的农户会增加农药、化肥的施用。此外，风险态度、是否参加农业产业化组织也会对农户的农药、化肥施用行为产生重要影响。基于上述结论，本文提出了相应的对策和建议。

关键词： 气候变化　水稻质量安全　气候变化感知　农药、化肥施用

---

* 国家自然基金项目“基于环境协调发展框架下农产品质量安全管理长效机制研究”（项目编号：71273234）、国家社科重点项目“应对气候变暖、保障农产品安全的生产转型调研报告”（项目编号：13AZD079）、浙江省科技厅软科学项目“新常态下浙江‘高效生态安全’农业持续发展路径优化与对策研究”（项目编号：2015C25001）。

** 刘青（1991～），女，河北人，浙江大学在读博士，研究方向为农产品质量安全；周洁红（1966～），女，浙江人，浙江大学教授，研究方向为食品质量安全与供应链管理；王煜（1994～），女，江西人，浙江大学农业经济与管理系本科生，研究方向为食品质量安全与供应链管理。

一 引言

研究表明，农药、化肥等化学物质的大量施用以及不合理的栽培管理方式是造成稻米质量安全问题的关键原因之一[1~2]，稻农作为水稻生产的主体，其生产行为直接决定水稻的质量安全状况[3]。近年来，以气候变暖为主要特征的气候变化导致干旱和洪涝等极端天气频发，已经对中国的农业产出造成了重要影响，并日益制约着农业的可持续发展[4~6]。气候变暖不仅通过农业产出直接对农产品数量安全产生影响，而且会影响农产品质量安全。气候变暖会使农业结构、农业病虫害发生规律产生变化，直接动摇农产品质量安全的基础，为避免由此带来的潜在损失，稻农可能会更加依赖外部投入品。稻农不恰当的生产方式会使水稻生产本身成为一个重要的污染源，由此形成恶性循环，进一步威胁农产品质量安全。然而，现有研究主要从宏观层面关注气候变暖对作物品质的影响，研究多集中在温度、光照、水分和肥力等因子与作物品质的关系上，鲜有学者基于微观视角对这一问题进行探讨，关注农户对气候变化的适应选择对质量安全的影响。

本文基于微观农户视角，重点关注气候变化，特别是以干旱和洪涝为主要特征的极端气候对稻农农药、化肥施用行为的影响。这是因为农用化学品的使用是种植环节危害水稻质量安全的关键因素，而气候变化会影响农药、化肥的施用数量和施用效果，进而影响农产品质量安全。一方面，温度升高会导致农药本身的活性降低，分解速度加快，为了保护农作物，农民被迫更频繁地施用农药或使用高剂量的农药[7~9]；另一方面，温度升高和以干旱和洪涝为主要特征的极端气候的不断暴发会扩大农作物病虫害的范围，改变其传播路径，暴发地病虫害次数的增多也会导致农用化学品的施用量增加[10~13]。鉴于此，本文选择微观农户的农药、化肥施用行为来衡量气候变化对农产品质量安全的影响。同时，研究表明，农户响应气候变化的任何行为都要经过观察、感知和行动 3 个阶段，且后一阶段必须以前一阶段为基础[14]。农户必须意识到气候变化正在发生，这是其采取任何适应决策的前提[15~18]。因此，在微观农户层面，不是客观的气候变化现象而是主观的气候变化感知强度影响了农户的适应行为[19~20]。综上，本文运用“气候变化的感知”来代表气候变化对农户的影响程度，利用4个省份的稻农调查数据，从主观、客观两个维度调查农户的农药、化肥施用情况，以此来衡量气候变化对农产品质量安全的影响，以期为气候变化背景下农产品质量安全的治理问题提供参考和借鉴，具有重要的理论价值和实践意义。

二　数据说明和样本基本情况

（一）数据来源

中国水稻种植主要集中在东北平原、长江流域和东南沿海三大区域，分别占全国水稻种植面积的12%、64%和22%，其中湖南、黑龙江、江西、江苏、湖北、四川、安徽、广东、云南、广西、浙江11个省份的水稻产量占全国总产量的80%以上，是我国水稻主要生产省份。但唐国平等研究发现，气候变化给水稻主产区带来的影响并不一致，气候变化虽然有利于增加中国东北地区的潜在水稻产量，但是华东、华中和西南三大地区的潜在水稻产量将会减少[21]。为此，本文选择了气候变化对水稻安全生产可能带来潜在威胁的4个省份：华东地区的浙江省和江苏省，华中地区的湖南省和西南地区的四川省。每个样本省内随机抽取6个样本县，样本县内部根据各乡镇农业生产基础设施条件的差异，把各乡镇分为3组，并从样本乡镇中随机抽取一个样本乡，然后从每个样本乡里随机抽取3个样本村。最后，从每个样本村里随机抽取15户家庭进行面对面访谈，共选取4个样本省1080个农户进行调查。课题组于2014年12月在浙江、四川进行了预调研，并多次修改，确保调查问卷的科学性和可行性，最后于2015年7~9月进行了入户调研，共调查了4省24县72个村庄1080户农户，回收有效问卷1063份，有效率为98.43%。

（二）样本的基本特征

表1列出了受访农户的基本特征。调查结果显示，大多数户主为男性

表 1　样本农户及户主的基本特征

特　征	分　类	人数（人）	比例（%）
性别	男	870	81.84
	女	193	18.16
年龄	30 岁及以下	69	6.49
	31 ~ 40 岁	184	17.31
	41 ~ 50 岁	412	38.76
	51 ~ 60 岁	216	20.32
	60 岁以上	182	17.12
受教育程度	小学及以下	431	40.55
	初中	424	39.89
	高中	129	12.14
	大专	50	4.7
	本科及以上	29	2.73
家庭劳动力数量	1 人及以下	73	6.87
	2 人	286	26.90
	3 人	322	30.29
	4 人	271	25.49
	5 人及以上	111	10.44
家庭年收入	50000 元及以下	281	26.43
	50001 ~ 100000 元	397	37.35
	100001 ~ 150000 元	214	20.13
	150001 ~ 200000 元	86	8.09
	200000 元以上	85	8
是否参加农业产业化组织	是	424	39.89
	否	639	60.11
水稻种植面积	10 亩及以下	757	71.21
	11 ~ 20 亩	73	6.87
	21 ~ 30 亩	23	2.16
	31 ~ 40 亩	15	1.41
	40 亩以上	195	18.34

(81.84%)，年龄为 40 岁以上（76.2%），受教育程度为初中及以下(80.44%)；家庭拥有劳动力数量集中在 2～4 人，39.89% 的农户参加了农业产业化组织，其中专业合作社是核心；水稻种植面积呈现两极分化，71.21% 的受访农户种植 10 亩及以下，其次就是 40 亩以上的大规模种植(18.34%)。

（三）气候变化背景下稻农的农药、化肥施用现状

关于农药、化肥施用行为的衡量，一部分学者用农户对相关问题的自我报告式回答来表示因变量[22～24]，另一部分学者则采取客观的农药、化肥支出来进行研究[25～27]。本文综合这两种衡量方法，从主观和客观两个维度分别设计了指标来反映农户的农药、化肥施用情况。主观指标是"是否因为气候变化增加农药、化肥投入"，客观指标是单位面积"农药、化肥总支出"。为了初步说明核心自变量"气候变化感知"对农药、化肥施用的影响，二者的交叉分析结果如表 2 所示。

表 2　气候变化感知与农户农药、化肥施用情况

农药、化肥施用指标 / 气候变化感知	是否因为气候变化增加农药、化肥投入（%）		农药、化肥总支出（元/亩）
	是	否	
没影响	40.95	59.05	260.40
有影响但不明显	61.45	38.55	364.03
影响明显	75.29	24.71	363.61

就主观指标来看，不考虑其他因素，农户的感知越强烈，为了减少气候变化的负面影响而增加农药化肥投入的农户比例越高（40.95%→61.45%→75.29%）。同时，农药、化肥总支出也随着气候变化感知程度的增强而增加，由"没影响"时的 260.40 元增加到"有影响但不明显"时的 364.03 元以及"影响明显"时的 363.61 元。可见，暂不考虑其他影响因素，交叉结果初步表明，农户对气候变化的感知程度越强烈，越有可能增加农药、化肥的施用量。

三　理论分析、模型设定和变量描述

（一）理论分析

农户的农药、化肥施用行为受多个因素的综合影响。基于前人研究成果，本文选取以下变量作为影响农户的农药、化肥施用行为的待检验因素。

1. 户主个人特征

作为家庭的支柱，户主个人特征在农药、化肥施用方面具有重要的影响，其中最重要的是户主的性别、年龄和受教育程度。一般来说，男性户主更多关注产出，在农药、化肥的施用安排上不够精打细算[28]，受到气候变化威胁时更有可能增加农药、化肥投入。农户年龄越大，其从事水稻种植的经验越丰富[22]，越有能力处理气候变化对水稻的不利影响，能够更好地把握农药、化肥的用量，不见得会增加农药、化肥的投入。一方面，受教育程度越高，对农药、化肥的危害认识越深刻，越倾向于少使用农药、化肥[26]；另一方面，受教育程度关系到农业气象信息的获取、处理和应用[29]，受教育程度高的人可能对气候变化的感知程度高，从而增加农药、化肥投入来应对气候风险。可见受教育程度的影响方向难以确定，需要进一步实证检验。

2. 家庭特征

家庭特征主要包括家庭劳动力数量、水稻种植面积和家庭年收入。一般而言，家庭劳动力数量多，说明农户采用劳动密集型生产方式，为了降低物质成本，可能更倾向于控制农药、化肥的使用；水稻种植面积的多寡在一定程度上会影响农户的农药、化肥施用行为。水稻种植面积较大时，气候变化对此类家庭的负面影响较大，同时农户的劳动力相对不足，有可能选择通过增加农药、化肥等物质生产资料来提升农业生产效益。家庭收入水平越高，农户可能越愿意尝试采用新技术等具有一定风险的新事物来应对气候变化，而不是多用农药、化肥。

3. 农户的风险类型

农户可以分为风险偏好型、风险中性型和风险规避型。气候变化会给农户的农业生产收益带来风险，风险规避型农户对此十分敏感，更倾向于采用最简单有效的应对策略，即增加农药和化肥的投入。

4. 气候变化感知程度

这一变量是本文考察的核心变量，主要探讨气候变化感知与农户农药、化肥施用行为之间的关系。感知越强烈，越能意识到气候变化带来的负面影响，出于稳产的需要，农户会多施用农药和化肥。

5. 是否参加农业产业化组织

一般认为，加入农业产业化组织在一定程度上有利于减少农户农业生产经营活动的盲目性，并提升其组织性和计划性[30]，从而有助于农户更合理地控制农药、化肥的施用数量。

6. 施肥培训

是否参加过施肥培训直接关系到农户对农药、化肥的施用方式和施用规范。参加过施肥培训的农户对化学要素施用的技能和知识认知更为深刻，更能科学合理地施用化学要素，控制施用量。

（二）模型设定

本文从主观和客观 2 个维度来衡量农户的农药、化肥施用行为，因此也设定了 2 个模型。模型 I 为基于主观指标的农药、化肥施用行为模型，这是一个二元分类变量，采用二元 Logistic 模型来进行分析。模型 II 为基于客观指标的农药、化肥施用行为模型，由于因变量是定量化的数据，采用 OLS 回归模型进行分析。

（三）变量描述

基于调查数据，本文所选取变量的描述性统计分析结果见表 3 。

表 3　变量的含义和描述性统计分析结果

	变　量	含义及赋值	均　值	标准差
因变量	是否因为气候变化增加农药、化肥投入	是 =1；否 =0	0.64	0.48
	农药、化肥总支出（元/亩）	具体的农药、化肥支出数值	343.46	290.55

续表

	变　量	含义及赋值	均　值	标准差
自变量	性别	女 =0；男 =1	0.82	0.39
	年龄	户主实际周岁（岁）	48.65	11.78
	受教育程度	小学及以下 =1；初中 =2；高中 =3；大专 =4；本科及以上 =5	1.89	0.97
	农业劳动力数量	从事农业的劳动力人数（人）	3.12	1.40
	水稻种植面积	家庭实际经营的水稻面积（亩）	71.44	226.51
	家庭收入水平	50000 元及以下 =1；50001 ~ 100000 元 =2；100001 ~ 150000 元 =3；150001 ~ 200000 元 =4；200000 元以上 =5	2.34	1.18
	气候变化感知程度	您是否感觉到气候变化对水稻种植的影响？没影响 =1；有影响但不明显 =2；影响很明显 =3	1.95	0.66
	参与农业产业化组织	是否参加农业产业化组织？是 =1；否 =0	0.40	0.49
	风险态度	风险大，收益大，亏损大 =1；风险中，收益中，亏损中 =2；风险小，收益小，亏损小 =3；	2.25	0.59
	施肥培训	是否参加过科学施肥的相关培训？是 =1；否 =0	0.18	0.38

四　结果与分析

（一）二元 Logistic 模型回归结果

经过多重共线性检验后，利用前文所构建的二元 Logistic 模型检验各个变量对农户农药、化肥施用行为的影响，得到的结果如表 4 所示。本研究的核心问题是探讨气候变化感知对农药、化肥施用行为的影响。实证结果显示，气候变化感知与农户农药、化肥的施用行为之间呈正相关关系，并在 1% 的置信水平上显著。结果表明，农户对气候变化感知的程度越高，越有可能增加农药、化肥投入。这恰好验证了本文的研究假设，即气候变化会增加农户的农药、化肥投入，进而对农产品质量安全造成威胁。

除了核心变量外，与预期相符，年龄对农户的农药、化肥施用行为的影响为负，并在1%水平上具备统计显著性。这说明随着年龄的增长，农户的种植经验增加，应对气候变化的能力也在提升，故不会因为气候变化而增加农药、化肥投入。同时，受教育程度也是影响农户农药、化肥施用行为的主要因素之一，受教育程度越高的农户越了解农药、化肥的负面影响，因此并不会增加农药、化肥投入。农户是否参加产业化组织与其农药、化肥施用行为之间呈正相关关系，并在1%的水平上显著。这意味着参加农业合作组织等产业化组织的农户会受到产业化组织的引导和约束，在气候变化影响下不会增加农药、化肥投入。同样，风险态度对农药、化肥施用行为的影响在1% 的水平上显著，即风险规避程度高的人会倾向于增加农药、化肥的投入。最后，农业劳动力数量和农药、化肥施用之间呈正相关，这和预期不符，可能的原因是从事农业的劳动力数量越多，农业收入所占比例越高，追求产量的动机越强，越倾向于增加农药、化肥的施用量。

表4　基于主观指标的农药、化肥施用行为影响因素模型估计结果

变　量	回归系数	标准误	P　值
性别	-0.121	0.179	0.500
年龄	-0.021**	0.007	0.001
受教育程度	-0.202*	0.082	0.014
农业劳动力数量	0.100*	0.051	0.049
水稻种植面积	0.001	0.000	0.137
家庭收入水平	-0.070	0.061	0.244
气候变化感知程度	0.439**	0.103	0.000
参与农业产业化组织	0.429**	0.152	0.005
风险态度	0.634**	0.116	0.000
施肥培训	-0.161	0.185	0.384
-2倍对数似然值	658.056		
卡方检验值	68.76**		

注：*、**分别表示变量在5%和1%的统计水平上显著。

（二）OLS回归模型结果

如表5所示，核心变量“气候变化感知程度”和农药、化肥总支出呈正相关关系，并在 1% 的水平上显著。在其他条件不变的情况下，认为气候变化影响明显的农户会比没感受到气候变化影响的农户多施用农药、化肥。再次证明气候变化感知越强烈，农户越会多施用农药和化肥。除了核心变量以外，与预期相符，水稻种植面积与农药、化肥支出之间呈现正相关关系，家庭经营规模越大，在气候变化背景下越倾向于增加农药、化肥的施用；风险规避程度高的农户为了稳定产量的需要，会多施用农药、化肥。

表 5　基于客观指标的农药、化肥施用行为影响因素模型估计结果

变　量	回归系数	标准误	P　值
性别	7. 199	23. 425	0. 759
年龄	－0. 477	0. 869	0. 583
受教育程度	4. 106	10. 999	0. 709
农业劳动力数量	－4. 891	6. 388	0. 444
水稻种植面积	0. 130***	0. 044	0. 003
收入水平	－12. 410	8. 031	0. 123
气候变化感知程度	49. 418***	13. 492	0. 000
参与农业产业化组织	－12. 871*	19. 826	0. 067
风险态度	23. 087**	15. 065	0. 026
施肥培训	－16. 941	25. 402	0. 505
F 值	4. 66***		

注：*、**和***分别表示变量在 10%、5% 和 1% 的统计水平上显著。

五　结论与启示

本文运用“气候变化的感知”来衡量气候变化对农户的作用，利用 4 个省份的稻农调查数据，从主观、客观两个维度考察了农户的农药、化肥施用情况，以此来衡量气候变化对农产品质量安全的影响。结果表明，核心变量“气候变化感知”确实对农户的农药、化肥施用产生显著影响，气候变化感知程度高的农户会增加农药、化肥的施用。此外，风险态度、是否参加农业产业化组织也会对农户的农药、化肥施用行为产生重要影响。

根据前述研究结果，本文提出如下建议：第一，目前的科学研究和政策制定在关注气候变化对数量安全影响的同时，也要考虑对农产品质量安全的影响；第二，气候变化感知强烈的农户会多施用农药和化肥，因此，要加强气候变化明显地区对农户农药、化肥施用行为的引导，增强农民对农用化学品的危害认知，积极指导农民采取科学恰当的策略应对气候变化，使农户的生产行为符合农业可持续发展的要求；第三，风险规避态度也会影响农户的农药、化肥施用行为，政府要采取多种治理措施降低气候变化对农户的风险，加强病虫害防治，提高农业抗御自然灾害的能力；最四，进一步加强农业产业化组织尤其是合作社的建设，丰富其功能并不断完善其服务体系，并通过各种相关培训减少农户的农药、化肥施用行为，从生产源头保障农产品的质量安全。

参考文献

[1] 章家恩：《我国水稻安全生产存在的问题及对策探讨》，《北方水稻》2007 年第 4 期。

[2] 张国友、王敏、毛雪飞、杨曙明：《水稻生产过程质量安全控制要点分析及研究展望》，《农产品质量与安全》2014 年第 6 期。

[3] 罗峦、周俊杰：《农户安全施药行为选择及影响因素分析——基于安仁县 600 户水稻种植户的调查》，《中国农学通报》2014 年第 17 期。

[4] De Salvo, M., Raffael, R., Moser, R., "The Impact of Climate Change on Permanent Crops in an Alpine Region: A Ricardian Analysis," *Agric*, 2013, 118, 23 – 32.

[5] 周曙东、周文魁、林光华、乔辉：《未来气候变化对我国粮食安全的影响》，《南京农业大学学报》（社会科学版）2013 年第 1 期。

[6] 陈帅：《气候变化对中国小麦生产力的影响——基于黄淮海平原的实证分析》，《中国农村经济》2015 年第 7 期。

[7] Bailey, S. W., "Climate Change and Decreasing Herbicide Persistence," *Pest management science*, 2004, 60 (2): 158 – 162.

[8] Bloomfield, J. P., Williams, R. J., Gooddy, D. C. et al., "Impacts of Climate Change on the Fate and Behaviour of Pesticides in Surface and Groundwater—A UK Perspective," *Science of the Total Environment*, 2006, 369 (1): 163 – 177.

[9] Muriel, P., Downing, T., Hulme, M. et al., "Climate Change and Agriculture in the United Kingdom," *Climate Change and Agriculture in the United Kingdom*. 2000.

[10] Chen, C. C., Mc Carl, B. A., "An Investigation of the Relationship between Pesticide Usage and Climate Change," *Climatic Change*, 2001, 50 (4): 475 - 487.

[11] Hall, G. V., Souza, R. M., Kirk, M. D., "Foodborne Disease in the New Millennium: Out of the Frying Pan and into the Fire?" *Medical Journal of Australia*, 2002, 177 (11/12): 614 - 619.

[12] Miraglia, M., Marvin, H. J. P., Kleter, G. A. et al., "Climate Change and Food Safety: An Emerging Issue with Special Focus on Europe," *Food and Chemical Toxicology*, 2009, 47: 1009 - 1021.

[13] Rosenzweig, C., Iglesias, A., Yang, X. B. et al., "Climate Change and Extreme Weather Events; Implications for Food Production, Plant Diseases, and Pests," *Global Change & Human Health*, 2001, 2 (2): 90 - 104.

[14] Bohensky, E. L., Smajgl, A., Brewer, T., "Patterns in Household - level Engagement with Climate Change in Indonesia," *Nature Climate Change*, 2013, 3 (4): 348 - 351.

[15] Below, T. B., Mutabazi, K. D., Kirschke, D. et al., "Can Farmers' Adaptation to Climate Change be Explained by Socio - economic Household - level Variables?" *Global Environmental Change*, 2012, 22 (1): 223 - 235.

[16] Deressa, T. T., Hassan, R. M., Ringler, C., "Perception of and Adaptation to Climate Change by Farmers in the Nile basin of Ethiopia," *The Journal of Agricultural Science*, 2011, 149 (01): 23 - 31.

[17] Maddison, D. J., "The Perception of and Adaptation to Climate Change in Africa," *World Bank Policy Research Working Paper*, 2007: 4308.

[18] Shisanya, C. A., Khayesi, M., "How is Climate Change Perceived in Relation to other Socioeconomic and Environmental Threats in Nairobi, Kenya?" *Climatic Change*, 2007, 85 (3 - 4): 271 - 284.

[19] Banerjee, R. R., "Farmers' Perception of Climate Change, Impact and Adaptation Strategies: A Case Study of Four Villages in the Semi - arid Regions of India," *Natural Hazards*, 2015, 75 (3): 2829 - 2845.

[20] Sérès, C., "Agriculture in Upland Regions is Facing the Climatic Change: Transformations in the Climate and How the Livestock Farmers Perceive Them—Strategies for Adapting the Forage Systems," *Fourrages*, 2010 (204): 297 - 306.

[21] 唐国平、李秀彬：《气候变化对中国农业生产的影响》，《地理学报》2000 年第 2 期。
[22] 田云、张俊飚，何可，丰军辉：《农户农业低碳生产行为及其影响因素分析——以化肥施用和农药使用为例》，《中国农村观察》2015 年第 4 期。
[23] 李英、张越杰：《基于质量安全视角的稻米生产组织模式选择及其影响因素分析——以吉林省为例》，《中国农村经济》2013 年第 5 期。
[24] 曾维军、侯明明：《影响农户减施化肥行为因素实证研究——以云南省洱源县为例》，《安徽农业科学》2014 年第 5 期。
[25] 宁满秀、吴小颖：《农业培训与农户化学要素施用行为关系研究——来自福建省茶农的经验分析》，《农业技术经济》2011 年第 2 期。
[26] 李光泗：《无公害农产品认证与质量控制——基于生产者角度》，《上海农业学报》2007 年第 1 期。
[27] 周峰、王爱民：《垂直协作方式对农户肥料使用行为的影响——基于南京市的调查》，《江西农业学报》2007 年第 4 期。
[28] 巩前文、穆向丽、田志宏：《农户过量施肥风险认知及规避能力的影响因素分析——基于江汉平原 284 个农户的问卷调查》，《中国农村经济》2010 年第 10 期。
[29] 朱红根、周曙东：《南方稻区农户适应气候变化行为实证分析——基于江西省 36 县（市）346 份农户调查数据》，《自然资源学报》2011 年第 7 期。
[30] 占小军：《粮食主产区农户加入农业合作组织意愿的实证分析——以江西省为例》，《经济地理》2012 年第 8 期。

基于农户人口特征的农户生产情况与技术效率分析

——来自长江流域1370个油菜种植农户的微观数据

陈莎莎　冯中朝*

摘　要： 本文利用长江流域12个省份1370个油菜种植农户的微观调研数据，运用随机前沿生产函数模型和效率损失模型，分析整个长江流域以及上、中、下游地区油菜种植农户的基本生产情况及人口特征、生产的技术效率损失情况及其主要影响因素的差异。研究发现长江流域油菜种植样本农户老龄化现象普遍，劳动力相对不足；长江流域农户平均效率水平约为81.41%，仍有18.59%的进步可能性；由于气候、经济发展水平、地形等区位条件不同，长江上、中、下游不同地区同一生产要素对油菜生产的影响有一定区分度，此外，在农户人口三大特征中，同种因素对不同地区农户技术效率损失的影响也有较大差别；分地区的中老年农户较青壮年农户均表现出更高、更稳定的技术效率水平，且高龄农户的平均技术效率水平最低，波动相对较大。

关键词： 长江流域　技术效率　随机前沿生产函数　效率损失模型

一　引言

我国是油菜生产大国，改革开放以来，我国的油菜生产不断取得进步，种植面积与总产量曾长期居世界第一，油菜在我国大部分省份都有

* 陈莎莎（1991～　），女，山东日照人，华中农业大学经济管理学院硕士研究生，研究方向为农业技术经济；冯中朝（1962～　），男，湖北罗田人，博士，华中农业大学经济管理学院博士生导师，研究方向为农业技术经济、油菜产业经济。

种植。作为一种中国居民的常用植物油，菜子油在油料供给中占比较大，这就引致国内对油菜子的大量需求。虽然国内能基本实现原料自给，但其进口数量仍不容小觑，2007 年就已突破 3000 万吨，在一定程度上影响了国内油菜产业的健康成长。此外，近年来由于生产油菜的比较利益较小，农村大量青壮年劳动力放弃家庭农业生产活动，选择外出寻求更优的就业机会，致使务农劳动力不断趋于老龄化。此外，种植油菜利润较低，农业用地呈总体减少态势，加之油菜子的进口使国产油菜子收购价格下降，农户的种植积极性受到影响，农户往往弃种油菜而选择冬小麦等收益更高的农作物，这就导致油菜生产不断萎缩，前景不容乐观。

长江流域产区、北方春油菜区以及黄淮流域冬油菜产区是我国油菜三大主产区，其中长江流域产区面积最大，在我国油菜生产中处于主导地位，同时也是世界上规模最大的油菜生产带，因而对长江流域油菜的生产情况进行研究具有十分重要的意义以及参考价值。根据气候特点、品种特性、耕作制度以及经济发展程度的不同，长江流域油菜产区划分为上、中、下游 3 个部分。上游地区包括四川、贵州、云南和重庆 4 个省份，中游地区包括湖北、湖南、江西、安徽以及河南 5 个省份，下游地区包括江苏、浙江和上海 3 个省份。

在关于农业生产率的研究方面，现有文献主要采用 DEA 方法以及随机前沿生产函数法。Rozelle 等指出在 20 世纪最后 20 年，要素投入是我国农业总体增长的主要推动力，但归根结底，农业发展的根本在于全要素生产率的增长。

在 DEA 方法的运用中，孟令杰对我国 15 年间农业产出的技术效率进行了研究分析[1]；李然等采用类似的方法研究了我国不同区域油菜生产率的变化情况[2]；李谷成则使用 DEA - Malmquist 生产率指数，对农业全要素生产率进行实证分析[3]。此外，采用 DEA 方法进行生产效率研究的还有田涛等[4]。

在随机前沿生产函数法的运用方面，田伟等对中国各主要棉花产区的技术进步率等进行了研究与说明[5]；金福良等对我国 1707 个不同规模农户的冬油菜生产技术效率进行了实证分析，认为通过土地规模化经营、优化资源配置、加快机械化耕作能有效促进农户技术效率的提高[6]；孙昊则分析了我国各主产区单位面积小麦生产的技术效率的总体状况与变化特征，并对地区间的差异进行了比较[7]。

从中可以看出，现有研究多集中于对中国农业总体生产效率以及地区间生产效率差异的探讨上[8~12]。从微观层面看，对微观农户家庭生产效率的研究则侧重从现有生产规模、耕地问题以及资源环境等角度进行[13~17]，而较少看到以农户人口特征为切入点对农户的生产情况及技术效率进行的研究。

因此，借鉴上述研究，本文从农户人口特征出发，对长江流域农户的油菜生产情况以及技术效率进行重点分析，主要对以下问题进行解释分析。第一，长江流域及上、中、下游地区农户的油菜种植分别有何突出特点？第二，农户人口特征对长江流域整体以及分地区油菜生产分别有什么突出影响？第三，传统油菜种植户是否存在技术非效率？若存在，影响因素有哪些？其技术效率有何特征？不同地区有何差别？

二　数据来源与农户基本特征

本文数据来自 2013 年对长江流域油菜种植区进行的调查研究，采用调查员与农户一对一实地访问的方式随机抽样调查，每个试验站调查 5 个油菜主产县（区），每个县（区）调查 3 个自然村，每个村随机走访 6 个农户（包括未种植油菜的农户）。为保证数据的全面性，本文数据来源范围涵盖长江流域 12 个油菜生产省份，共获取问卷 1644 份，其中有效问卷 1370 份，主要调查内容为油菜种植户 2013 年度的生产面积、生产成本、销售情况、种植心理和经济效益等数据。在所有有效问卷中，长江上游地区选取了四川省的绵阳、南充、成都，重庆市的三峡地区，云南省的昆明，贵州省的贵阳、思南共 7 个地区，共 529 个样本；长江中游地区选取了湖北省的荆州、宜昌、襄阳、黄冈，湖南省的常德、衡阳、长沙，江西省的九江、宜春，安徽省的六安、巢湖，以及河南省的信阳共 12 个地区，共 638 个样本；长江下游地区选取了江苏省的扬州、苏州，浙江省的湖州以及上海共 4 个地区，有效样本 203 个。

在受调查农户中，劳动力平均年龄为 55.42 岁，标准差为 9.46；年龄大于等于 45 岁的农户共 1155 位，占总样本的 84.31%，劳动力老龄化现象较为普遍。样本中 1178 个农户的受教育程度在初中及以下，占总样本的 85.99%，整体素质偏低。就业方面，青壮年劳动力外出务工仍是普遍现象，老龄劳动力继续留守农村进行农业耕作。农业收入、外出务工收入、养殖收入以及农业补贴收入构成农户家庭收入的主要来源。在 1370 个农户中，287 户属于纯农户，兼业收入比重低于 10%，占总样本的 20.95%；454 户属于以农业生产为主，兼营非农业生产农户，兼业收入比重为 10% ~50%，占总样本的 33.14%；623 户属于以非农业生产为主，兼营农业生产农户，兼业收入比重高于 50%，占总样本的 45.47%；仅有 6 户为纯非农业户。

三　模型构建与说明

本文主要运用随机前沿生产函数分析法分析生产效率。此方法开始主要应用于横截面数据，后来被广泛应用于各领域面板数据的随机生产前沿分析当中。同时，采用形式相对灵活的超越对数生产函数，投入、产出都采用对数形式，并引入二次项，有效避免技术中性和产出固定的假设，进而研究生产函数中各投入要素之间的相互作用、各要素对被解释变量的影响以及各种投入要素技术进步的差异等，提高了对生产技术效率进步率的估计精度[5]。本文具体采用的生产函数形式为：

$$
\begin{aligned}
\ln Yi = {} & b_0 + b_1 \ln Ld_i + b_2 \ln Lr_i + b_3 \ln F + b_4 \ln P_i + b_5 \ln S_i + b_6 \ln M_i + \\
& b_7 (\ln Ld_i)^2 + b_8 (\ln Lr_i)^2 + b_9 (\ln F_i)^2 + b_{10} (\ln P_i)^2 + b_{11} (\ln S_i)^2 + \\
& b_{12} (\ln M_i)^2 + b_{13} (\ln Ld_i)(\ln Lr_i) + b_{14} (\ln Ld_i)(\ln F_i) + b_{15} (\ln Ld_i)(\ln P_i) + \\
& b_{16} (\ln Ld_i)(\ln S_i) + b_{17} (\ln Ld_i)(\ln M_i) + b_{18} (\ln Lr_i)(\ln F_i) + \\
& b_{19} (\ln Lr_i)(\ln P_i) + b_{20} (\ln Lr_i)(\ln S_i) + b_{21} (\ln Lr_i)(\ln M_i) + b_{22} (\ln F_i)(\ln P_i) + \\
& b_{23} (\ln F_i)(\ln S_i) + b_{24} (\ln F_i)(\ln M_i) + b_{25} (\ln P_i)(\ln S_i) + b_{26} (\ln P_i)(\ln M_i) + \\
& b_{27} (\ln S_i)(\ln M_i) + (V_i - U_i) \qquad (1)
\end{aligned}
$$

本文采用的是湖北省农户 2013 年的微观截面数据，在设定随机前沿和

非效率模型时令 $T=1$。虽然现有文献对技术选择的研究多采用时间序列数据，但由于本文的研究对象是油菜生产的传统农区，农业技术具有相对稳定性，因而截面数据也可以较好地反映技术特征[18]。

表 1 列出了长江流域以及上、中、下游 3 个地区所选变量的名称及描述性统计。Y_i 表示农户 i 的家庭油菜总产值，单位是元/户；Ld_i 表示农户 i 的油菜耕种面积，单位是亩/户；Lr_i 表示农户 i 的劳动力投入量，单位是人/户；F_i 表示农户 i 的化肥施用量，单位是元/户；P_i 表示农户 i 的农药投入，单位是元/户；S_i 是农户 i 的种子投入，单位是元/户；M_i 是农户 i 的机械作业费，单位是元/户；bk 是待估参数（$k=0$，1，2，…，14）；$V_{it}-U_{it}$是复合扰动项，其中 V_{it}是随机误差项，代表影响最终产出的各随机因素及误差，服从均值为零、方差为 $\sigma v2$ 的正态分布。U_{it}是服从半正态分布的非负随机变量，代表技术效率损失，主要用来表示生产的无效程度，均值是 μ，方差为 $\sigma u2$。对于投入变量为 0 的数据，在进入超越对数生产函数模型时将其赋值为 1，对数运算后 $\ln 1=0$，因而不改变原数据的意义[19]。

表 1　长江流域及分地区农户油菜生产投入产出变量的描述性统计

变量名称	长江流域		上　游		中　游		下　游	
	均值	标准误差	均值	标准误差	均值	标准误差	均值	标准误差
总产值（Y）	2950.25	125.2	2754.72	134.16	3513.78	209.23	1688.65	383.67
油菜种植面积（Ld）	3.75	0.19	2.98	0.13	4.91	0.35	2.11	0.59
劳动力投入（Lr）	1.91	0.15	1.88	0.03	2.09	0.31	1.43	0.04
化肥（F）	391.95	20.37	329.31	21.49	497.29	38.42	224.16	29.12
农药（P）	79.66	4.12	81.31	5.4	89.84	6.97	43.4	9.49
种子（S）	56.07	4.83	35.3	2.3	83.43	9.69	24.19	8.85
机械作业费（M）	154.71	15.3	91.12	8.46	232.71	28.99	75.31	41.43
总户数	1370		529		638		203	

从表 1 可以看出，长江中游地区平均油菜总产值为 3513.78 元/户，高于上游、下游地区以及长江流域平均水平，同时该区域各项生

产要素的投入也最多，上游处于中间水平，下游各要素投入及产出量最低。

本文技术效率的实际操作公式按照 Battese 等的事变非效率模型[20]：

$$TE_{it} = \frac{E(\hat{Y}_{it} \mid U_{it}, X_{it})}{E(\hat{Y}_{it} \mid U_{it} = 0, X_{it})} \tag{2}$$

其中，E（·）为数学期望，若 $U_{it}=0$，即 $TE_{it}=1$，表示第 i 个农户具有完全无损失的技术效率；若 $U_{it}>0$，即 $0<TE_{it}<1$，则该农户在生产上存在一定程度的效率损失。

效率损失模型设定为：

$$m_i = \delta_0 + \sum_{h=1}^{16} \delta_h Z_{hi} \tag{3}$$

模型（3）中，Z_{hi}为可能导致农户间技术效率水平产生差异的影响因素。在 Battese[21] 的研究基础上，结合本文的研究目的，本文在对长江流域上、中、下游农户的技术效率水平进行分析时，将影响因素即农户人口特征分为 3 类，分别是农户基本特征、农户农业经营特征以及农户对新知识和技能的获取特征，共 15 个变量。在分析整个长江流域农户油菜种植技术效率的影响因素时，由于长江流域上、中、下游地区自然环境以及气候条件等存在一定差异，故除上述三大类影响因素外，本文另加入农户地理位置特征这一影响因素，共 16 个变量，具体统计分析如表 2 所示。

从表 2 的初步统计中可以看出，长江流域农户的平均年龄为 55.42 岁，其中上、中、下游农户的平均年龄分别为 55.18 岁、55.11 岁和 58.63 岁。中游农户的受教育程度（1.84）最高，其次是下游地区（1.83），均高于长江流域平均受教育程度（1.75），而上游地区农户的受教育程度相对较低（1.62）。上游地区受农业技术培训人次高于中、下游地区。中游地区农户的油菜平均种植面积最大，而下游地区农户的家庭兼业情况最普遍。为进一步探究各项因素对农户技术效率损失的影响情况，本文用技术效率损失模型进行详细分析。

表 2 长江流域及分地区效率损失模型变量的定义及描述性统计

变量名称	变量定义	长江流域			上游			中游			下游		
		均值	最大值	最小值	均值	最大值	最小值	均值	最大值	最小值	均值	最大值	最小值
农户基本特征													
年龄(Z_1)		55.42	82	21	55.18	82	21	55.11	82	34	58.63	79	34
受教育程度(Z_2)	文盲 =0，小学及以下 =1，初中 =2，普高、职高、中专 =3，大专及以上 =4	1.75	4	0	1.62	4	0	1.84	4	0	1.83	4	1
受农业技术培训人次(Z_3)		2.65	16	0	3.20	16	0	2.24	12	0	2.45	10	0
是否为村干部(Z_4)	是 =1，否 =0	0.15	1	0	0.15	1	0	0.14	1	0	0.22	1	0
在村中收入水平(Z_5)	低 =1，中 =2，高 =3	2.04	3	1	2.11	3	1	1.98	3	1	2	3	1
农户农业经营特征													
到农业技术推广机构的距离(Z_6)		3.84	23	0	3.78	23	0	3.94	20	0	3.51	10	0
油菜平均种植面积(Z_7)		3.87	129	0.2	2.98	43	0.15	4.91	129	0.3	2.04	8.5	0.3
遭受病虫害情况(Z_8)	是 =1，否 =0	0.88	1	0	0.81	1	0	0.93	1	0	0.9	1	0
家庭兼业情况(Z_9)	兼业 =1，否 =0	0.79	1	0	0.79	1	0	0.76	1	0	0.95	1	0
农户对新知识和技能的获取特征													
基层信息服务站(Z_{10})	是 =1，否 =0	0.55	1	0	0.80	1	0	0.37	1	0	0.38	1	0

续表

变量名称	变量定义	长江流域			上游			中游			下游		
		均值	最大值	最小值	均值	最大值	最小值	均值	最大值	最小值	均值	最大值	最小值
专业协会(Z_{11})	是 = 1，否 = 0	0.23	1	0	0.43	1	0	0.10	1	0	0.04	1	0
农资经营部门(Z_{12})	是 = 1，否 = 0	0.45	1 0	0.26	1	0	0.59	1	0	0.51	1	0	
地方政府(Z_{13})	是 = 1，否 = 0	0.38	1	0	0.60	1	0	0.26	1	0	0.03	1	0
村干部(Z_{14})	是 = 1，否 = 0	0.25	1	0	0.14	1	0	0.34	1	0	0.32	1	0
农技推广部门(Z_{15})	是 = 1，否 = 0	0.63	1	0	0.40	1	0	0.78	1	0	0.88	1	0
农户地理位置特征(Z_{16})	上游 = 1，中游 = 2，下游 = 3	1.67	3	1									

四 参数估计结果与分析

（一）参数估计结果

本文主要采用 Frontier 4.1 软件估计上述模型，若 $\gamma=0$ 被接受，则可认为不存在效率损失。若 γ 统计显著，则表示存在技术效率的损失。长江流域油菜种植农户随机前沿生产函数模型参数估计结果如表 3 所示。

表 3 长江流域随机前沿生产函数模型参数估计结果

项 目	系 数	估计值	标准差	t 统计量
常数项	beta 0	6.956***	0.095	73.520
$\ln Ld$	beta 1	0.796***	0.081	9.814
$\ln Lr$	beta 2	0.173	0.140	1.240
$\ln F$	beta 3	-0.122***	0.035	-3.478
$\ln P$	beta 4	-0.167***	0.037	-4.506
$\ln S$	beta 5	-0.031	0.040	-0.770
$\ln M$	beta 6	-0.019	0.031	-0.607
$(\ln Ld)^2$	beta 7	0.003	0.020	0.164
$(\ln Lr)^2$	beta 8	-0.028	0.024	-1.140
$(\ln F)^2$	beta 9	0.023***	0.005	4.502
$(\ln P)^2$	beta10	0.021***	0.007	3.133
$(\ln S)^2$	beta11	0.006	0.006	0.901
$(\ln M)^2$	beta12	0.005	0.006	0.931
$(\ln Ld)(\ln Lr)$	beta13	-0.038	0.053	-0.707
$(\ln Ld)(\ln F)$	beta14	-0.016	0.017	-0.909
$(\ln Ld)(\ln P)$	beta15	0.019	0.016	1.161
$(\ln Ld)(\ln S)$	beta16	-0.060***	0.013	-4.444
$(\ln Ld)(\ln M)$	beta17	0.019**	0.009	2.100
$(\ln Lr)(\ln F)$	beta18	-0.071**	0.030	-2.204
$(\ln Lr)(\ln P)$	beta19	0.077**	0.033	2.331
$(\ln Lr)(\ln S)$	beta20	0.012	0.022	0.574
$(\ln Lr)(\ln M)$	beta21	-0.019	0.012	-1.577

续表

项　目	系　数	估计值	标准差	t统计量
(ln$F$) (ln$P$)	beta22	0.013 *	0.005	1.792
(ln$F$) (ln$S$)	beta23	0.011	0.008	1.407
(ln$F$) (ln$M$)	beta24	0.003	0.004	0.697
(ln$P$) (ln$S$)	beta25	0.012 ***	0.003	4.484
(ln$P$) (ln$M$)	beta26	-0.009 *	0.005	-1.700
(ln$S$) (ln$M$)	beta27	-0.007 **	0.003	-2.258
σ2		0.571 ***	0.045	12.785
γ		0.846 ***	0.011	80.009
Log likelihood function		-507.659		
LR 单边检验误差		206.008		
样本量		1370		

注：*、**和***分别表示在10%、5%和1%显著性水平下显著。

由表3可知，就长江流域整体而言，γ值是0.846，在1%水平上统计显著，说明技术无效率项是模型复合扰动项中变异的主要来源，且占84.6%，农户油菜生产存在技术非效率，总扰动中84.6%可以被它解释，有15.4%来自统计误差等外部影响。

从参数估计结果来看，第一，油菜生产中的土地、化肥以及农药投入因素与油菜每户总产值在1%的统计水平上显著相关。第二，土地与种子投入费用二者之间存在显著的替代关系，而与机械作业费之间存在显著的互补关系，说明采用先进的生物技术，科学有效地使用优良品种能够提高总产值，实现对土地资源的节约利用，油菜耕地面积的降低会相应减少机械作业费的投入，这与油菜种植面积较小的地区不使用机械耕作相一致。第三，劳动力与化肥投入之间存在显著的替代关系，而与农药投入之间存在显著的互补关系，说明高效、合理的化肥施用体系能够有效降低劳动力的后期投入，缓解劳动力农忙时的紧张状况，而劳动力的减少也诱致农药的人力投入减少，从而导致农药投入降低，在一定程度上有利于对生态环境的保护。第四，化肥、种子二者的投入费用与农药的投入之间存在显著的互补关系，与前文高效施肥以及采用良种实现土地资源节约，从而减少对农药的需求相一致。第五，农药投入、种子投入二者均与机械作业费之间存在显著的替代关系，因而在油菜种植规模相对较小的地区，农户并未采用机械作业，而是通过使用良种、科学施药等生物技术实现产值的提高。

对模型（1）两边分别对投入要素的对数进行求导，可得出投入要素的产出弹性计算公式：

$$\varepsilon_{Ld} = b_1 + 2b_7 \ln Ld_i + b_{13} \ln Lr_i + b_{14} \ln F_i + b_{15} \ln P_i + b_{16} \ln S_i + b_{17} \ln M_i \quad (4)$$

$$\varepsilon_{Lr} = b_2 + 2b_8 \ln Lr_i + b_{13} \ln Ld_i + b_{18} \ln F_i + b_{19} \ln P_i + b_{20} \ln S_i + b_{21} \ln M_i \quad (5)$$

$$\varepsilon_{F} = b_3 + 2b_9 \ln F_i + b_{14} \ln Ld_i + b_{18} \ln Lr_i + b_{22} \ln P_i + b_{23} \ln S_i + b_{24} \ln M_i \quad (6)$$

$$\varepsilon_{P} = b_4 + 2b_{10} \ln P_i + b_{15} \ln Ld_i + b_{19} \ln Lr_i + b_{22} \ln F_i + b_{25} \ln S_i + b_{26} \ln M_i \quad (7)$$

$$\varepsilon_{S} = b_5 + 2b_{11} \ln S_i + b_{16} \ln Ld_i + b_{20} \ln Lr_i + b_{23} \ln F_i + b_{25} \ln P_i + b_{27} \ln M_i \quad (8)$$

$$\varepsilon_{M} = b_6 + 2b_{12} \ln M_i + b_{17} \ln Ld_i + b_{21} \ln Lr_i + b_{24} \ln F_i + b_{26} \ln P_i + b_{27} \ln S_i \quad (9)$$

对各油菜种植农户的各投入要素的对数取均值，然后将表 3 中的估计结果以及均值代入弹性计算公式，可以得到各项投入要素的平均产出弹性，结果如表 4 所示。

表 4　长江流域油菜种植农户各投入要素的平均产出弹性

投入要素	长江流域
油菜种植面积（*Ld*）	0.643
劳动力投入（*Lr*）	0.006
化肥（*F*）	0.144
农药（*P*）	0.107
种子（*S*）	0.042
机械作业费（*M*）	-0.025

从长江流域整体看，在各投入要素的平均产出弹性中，只有机械作业费的平均产出弹性为负，说明农户在油菜种植过程中，机械作业费用的投入处于相对过剩的状态，在油菜种植面积一定的情况下，使用更多的机械作业并不能带来产出的有效增长。油菜种植面积、劳动力投入、化肥、农药以及种子费用的平均产出弹性为正，说明这些生产要素投入的贡献仍有可以提升的空间，因而增加此类生产要素的投入可达到增产的目的。油菜种植面积的平均产出弹性较大，说明耕地面积仍对农业的发展起到重要作

用，扩大耕种面积能使增产效果显著。而劳动力投入、化肥、农药以及种子费用的平均产出弹性相对较小，说明这4项生产要素的投入已达到一定水平，增加要素投入虽然可使产出增加，但增产效果并不显著，有效的增产需要各项投入要素的合理取舍及科学选择与搭配。

（二）长江流域分地区不同年龄段农户技术效率对比分析

样本农户劳动力年龄为21~82岁，为探究不同年龄段农户的技术效率特征，将农户按年龄分为21~45岁、46~55岁、56~65岁、66~82岁4个群组，分别代表青壮年、中老年、老龄及高龄农业劳动力。4个群组的技术效率分布均值与标准差情况如表5所示。

表5　不同年龄段农户技术效率均值与标准差

	年龄段	21~45岁	46~55岁	56~65岁	66~82岁
上　游	最大值	91.57	92.72	92.88	96.53
	最小值	21.33	35.55	13.24	39.85
	平均值	80.17	81.16	79.33	77.71
	标准差	0.112	0.081	0.109	0.108
	样本量	94	156	193	86
中　游	最大值	95.72	97.73	96.54	96.26
	最小值	38.77	18.91	7.28	29.57
	平均值	82.65	82.66	82.49	78.88
	标准差	0.122	0.136	0.125	0.146
	样本量	101	208	250	79
下　游	最大值	93.98	95.57	96.51	94.38
	最小值	43.73	48.17	43.26	49.08
	平均值	81.41	85.84	84.09	80.56
	标准差	0.118	0.103	0.115	0.142
	样本量	20	47	93	43

表5显示，长江上游地区中老年农户平均技术效率水平最高，而标准差最小，即波动最小，青壮年农户平均技术效率次之，但波动大，高龄农

户平均技术效率水平最低。中游地区情况与上游类似，但中老年农户技术效率波动相对较大。下游地区中老年农户平均技术效率同样处于最高水平，且波动最小，老龄农户平均技术效率处于次高水平，高龄农户平均技术效率水平最低，标准差也最大。

（三）效率损失模型估计结果分析

表6为技术非效率模型的估计结果，表明各项因素对技术效率的影响情况。

表6 效率损失模型估计结果

变量名称	长江流域	上游	中游	下游
常数项	-1.296***	-0.236	-0.978**	-0.495
	(-3.771)	(-0.296)	(-1.981)	(-0.405)
农户基本特征				
年龄（Z_1）	-0.037***	-0.001	-0.010**	0.004
	(-5.283)	(-0.139)	(-2.402)	(0.463)
受教育程度（Z_2）	-0.667***	-0.125	-0.350***	0.310*
	(-4.867)	(-1.015)	(-5.016)	(1.448)
受农业技术培训人次（Z_3）	-0.034**	0.038*	-0.064***	-0.198**
	(-2.035)	(1.668)	(-2.969)	(-1.692)
是否为村干部（Z_4）	0.313*	0.155	0.239**	-0.570*
	(1.644)	(0.703)	(2.393)	(-1.435)
在村中收入水平（Z_5）	-0.356**	-0.231	0.079	-0.160
	(-4.695)	(-1.524)	(1.266)	(-1.075)
农户农业经营特征				
到农业技术推广机构的距离（Z_6）	-0.042***	-0.005	-0.019*	0.023
	(-3.904)	(-0.193)	(-1.756)	(0.931)
油菜平均种植面积（Z_7）	0.018***	-0.092	0.007*	-0.019*
	(4.258)	(-1.621)	(1.863)	(-1.466)
遭受病虫害情况（Z_8）	0.949***	0.054	1.715***	0.650
	(7.357)	(0.229)	(4.227)	(0.892)
家庭兼业情况（Z_9）	-0.040	0.307	0.011	-0.535**
	(-0.401)	(1.395)	(0.137)	(-1.828)

续表

变量名称	长江流域	上　游	中　游	下　游
农户对新知识和技能的获取特征				
基层信息服务站（Z_{10}）	1.692***	-0.103	0.909***	-0.041
	(12.430)	(-0.454)	(6.776)	(-0.180)
专业协会（Z_{11}）	-0.773***	-0.004	0.098	-1.057**
	(-4.106)	(-0.022)	(1.257)	(-0.779)
农资经营部门（Z_{12}）	-0.913***	-0.145	0.112*	-0.279*
	(-7.275)	(-0.601)	(1.789)	(-1.301)
地方政府（Z_{13}）	0.500***	0.324*	-0.138*	-0.164
	(3.330)	(1.764)	(-1.820)	(-0.582)
村干部（Z_{14}）	0.224**	-0.002	-0.024	-0.043
	(2.510)	(-0.009)	(-0.353)	(-0.258)
农技推广部门（Z_{15}）	-0.184**	0.142	-0.576***	-0.058
	(-2.174)	(0.727)	(-6.308)	(-0.250)
农户地理位置特征（Z_{16}）	0.937***			
	(8.245)			

注：括号内为t统计量。*、**和 ***分别表示在10%、5%和1%显著性水平下显著。

1. 农户基本特征对技术效率的影响

就长江流域整体而言，年龄、受教育程度、受农业技术培训人次以及在村中收入水平系数为负，即对技术效率有正向影响。是否为村干部系数为正，对技术效率有负向影响，可能的原因是担任村干部，可能导致农户精力分散，不能全心投入油菜的种植与生产，从而导致技术效率降低。对于上游地区，只有受农业技术培训人次通过10%水平下的显著性检验，系数为正，即对技术效率有负向影响。对中游地区而言，年龄、受教育程度以及受农业技术培训系数为负，对技术效率有正向影响，而是否为村干部系数为正，对技术效率有负向影响，原因与长江流域相同。对于长江下游地区，受教育程度系数为正，对技术效率有负向影响，这与传统认知相反，原因可能是下游地区油菜种植面积普遍较小，农户多依靠自身进行生产种植，主要满足自身家庭需求，受教育程度较高的农户无法充分发挥优势。受农业技术培训人次以及是否为村干部系数为负，此处可能是因为担任村干部，比普通农户更先接触先进种植技术，更倾向于进行技术创新示范，从而提高技术效率。

2. 农户农业经营特征对技术效率的影响

对于整个长江流域，到农业技术推广机构的距离、油菜播种面积以及遭受病虫害情况，3 项都通过 1% 的显著性检验。其中到农业推广机构的距离系数为负，对技术效率有正向影响。油菜播种面积和遭受病虫害情况系数为正，对技术效率有负向影响，说明了在劳动力投入一定的情况下，适度规模经营才能提高农户效率，盲目扩大规模，在各项投入不足时，效果会适得其反，此外，遭受病虫害会造成油菜减产，是对技术效率的损失。农户各项农业经营特征在上游地区并未通过显著性检验。对于长江中游地区，到农业技术推广机构的距离（1%）、油菜播种面积（1%）以及遭受病虫害情况（10%），3 项都通过显著性检验，具体影响方向与长江流域整体情况相同。对于长江下游地区，油菜播种面积（10%）和家庭兼业情况（5%）均通过显著性检验，系数均为负，对技术效率有正向影响。该地区农户的油菜种植面积相对较小，家庭普遍兼业经营，在这种情况下，兼业经营比纯农户能获得更多市场信息，思想更为开阔，进行创新生产的可能性高，同时扩大油菜种植面积，能有效取得规模经济，促进技术效率提高。

3. 农户对新知识和技能的获取特征对技术效率的影响

基层信息服务站、专业协会、农资经营部门和地方政府都通过 1% 的显著性检验，而村干部和农技推广部门都通过 5% 的显著性检验。其中专业协会、农资经营部门和农技推广部门系数为负，对技术效率影响为正。基层信息服务站、地方政府和村干部系数为正，对技术效率影响为负。对上游地区，地方政府通过 10% 的显著性检验。对中游地区，基层信息服务站、农资经营部门对技术效率有负向影响，而地方政府和农技推广部门对技术效率有正向影响。就下游地区而言，只有专业协会和农资经营部门对技术效率有正向影响，其他均不显著。出现以上情况，可能原因是只有农户从各个渠道获得的信息与技术贴合其生产种植的具体实际时，才能提高技术效率，否则就会带来效率的损失。

4. 区域特征对技术效率的影响

长江上、中、下游地区在气温、降水、地形等方面条件各不相同，地区因素通过1%的显著性检验，说明不同区位因素对油菜生产的技术效率存在较大影响。

五 结论

本文运用随机前沿生产函数和效率损失模型，对长江流域上、中、下游地区的1370位农户的家庭油菜生产情况、技术效率变化情况以及平均水平等方面进行了分析，探究农户人口特征对油菜生产的影响，得出了以下几点主要结论。

第一，长江流域油菜种植样本农户老龄化现象普遍，青壮年劳动力外出务工现象普遍，农忙时节劳动力供应相对不足，且多数农户选择兼业生产以提高家庭收入。实行优惠政策吸引劳动力回乡，鼓励兼业经营，同时加强对老龄人口的专业知识与技能培训是保障油菜生产的有效途径。

第二，长江流域农户油菜种植的平均效率水平大约是81.41%，表明在其他因素不变的情况下，维持目前的生产条件和生产力状况，排除效率损失的干扰，农户油菜生产的技术效率仍有18.59%的进步可能性。

第三，从长江流域整体来看，油菜种植面积及化肥和农药费用对油菜总产值影响显著，而劳动力投入并未产生显著影响。由于气候、经济发展水平、地形等区位条件不同，长江上、中、下游不同地区的同一生产要素对油菜生产的影响有一定区分度。此外，长江流域以及分地区的农户人口三大特征中，农户基本特征、农户农业经营特征以及农户对新知识和技能的获取特征的同种因素对农户技术效率损失情况的影响也存在较大差别，因而考虑提高区域油菜产值以及农户的技术效率水平，必须结合当地具体实际的生产情况，综合考虑不同人口特征，科学投入生产要素，合理利用各项人口资源。

第四，相对于青壮年农户，长江上、中、下游地区中老年农户表现出更高且更稳定的平均技术效率水平，且高龄农户平均技术效率水平最低，波动相对较大。一般情况下，中老年农户凭借自身积累的相对丰富的生产经验以及较佳的身体素质等因素，能在生产中取得最高的技术效率，而青壮年农户虽然身体素质状况最佳，但因为缺乏生产经验，因此技术效率水平低于中老年农户。随着年龄的增长，老龄以及高龄农户体力减退，对新技术等的接受能力较差，因此技术效率水平较低，且波动较大，老龄化不利于农村生产的发展。

参考文献

[1] 孟令杰：《中国农业产出技术效率动态研究》，《农业技术经济》2000 年第 5 期。

[2] 李然、冯中朝：《中国各地区油菜生产率的增长及收敛性分析》，《华中农业大学学报》（社会科学版）2010 年第 1 期。

[3] 李谷成：《技术效率、技术进步与中国农业生产率增长》，《经济评论》2009 年第 1 期。

[4] 田涛、许晓春、周可金：《安徽省各地市油菜生产效率研究——基于 DEA 的实证分析》，《农业技术经济》2011 年第 12 期。

[5] 田伟、李明贤、谭朵朵：《中国棉花生产技术进步率的测算与分析——基于随机前沿分析方法》，《中国农村观察》2010 年第 2 期。

[6] 金福良、王璐、李谷成等：《不同规模农户冬油菜生产技术效率及影响因素分析——基于随机前沿函数与 1707 个农户微观数据》，《中国农业大学学报》2013 年第 1 期。

[7] 孙昊：《小麦生产技术效率的随机前沿分析——基于超越对数生产函数》，《农业技术经济》2014 年第 1 期。

[8] 颜鹏飞、王兵：《技术效率、技术进步与生产率增长：基于 DEA 的实证分析》，《经济研究》2004 年第 12 期。

[9] 彭代彦、吴翔：《中国农业技术效率与全要素生产率研究——基于农村劳动力结构变化的视角》，《经济学家》2013 年第 9 期。

[10] 方鸿：《中国农业生产技术效率研究：基于省级层面的测度、发现与解释》，《农业技术经济》2010 年第 1 期。

[11] 王芳、罗剑朝：《中国东中西部地区农户生产技术效率差异的实证分析——基于 ISDF 模型的分析》，《农业技术经济》2012 年第 3 期。

[12] 田伟、柳思维：《中国农业技术效率的地区差异及收敛性分析——基于随机前沿分析方法》，《农业经济问题》2012 年第 12 期。

[13] 屈小博：《不同规模农户生产技术效率差异及其影响因素分析——基于超越对数随机前沿生产函数与农户微观数据》，《南京农业大学学报》（社会科学版）2009年第3期。

[14] 李然、李谷成、冯中朝：《不同经营规模农户的油菜生产技术效率分析——基于湖北、四川等6省市689户农户的调查数据》，《华中农业大学学报》（社会科学版）2015年第1期。

[15] 谭淑豪、Nico Heerink、曲福田：《土地细碎化对中国东南部水稻小农户技术效率的影响》，《中国农业科学》2006年第12期。

[16] 张海鑫、杨钢桥：《耕地细碎化及其对粮食生产技术效率的影响——基于超越对数随机前沿生产函数与农户微观数据》，《资源科学》2012年第5期。

[17] 苏洋、马惠兰、李凤：《碳排放视角下农户技术效率及影响因素研究——以新疆阿瓦提县为例》，《干旱区资源与环境》2014年第10期。

[18] 郭晓鸣、左喆瑜：《基于老龄化视角的传统农区农户生产技术选择与技术效率分析——来自四川省富顺、安岳、中江3县的农户微观数据》，《农业技术经济》2015年第1期。

[19] 周曙东、王艳、朱思柱：《中国花生种植户生产技术效率及影响因素分析——基于全国19个省份的农户微观数据》，《中国农村经济》2013年第3期。

[20] Battese, G. E., Coelli, T. J., "Frontier Production Functions, Technical Efficiency and Panel Data: With Application to Paddy Farmers in India," *Journal of Productivity Analysis*, 1992, 3 (6): 153-169.

[21] Battese, G. E., "Frontier Production Functions and Technical Efficiency: A Survey of Empirical Applications in Agricultural Economics," *Agricultural Economics*, 1992, 7 (10): 185-208.

食品消费偏好与行为研究

基于消费者对产地信息属性偏好的可追溯猪肉供给侧改革研究*

陈秀娟　秦沙沙　吴林海**

摘　要： 本文运用真实选择实验与Logit模型相结合的研究方法，在对可追溯猪肉设置可追溯信息、可追溯信息真实性认证与价格属性的基础上，将产地信息属性纳入可追溯信息属性体系，研究消费者对产地标签的认知与产地属性支付意愿，以及影响消费者购买选择加贴产地标签的可追溯猪肉的主要因素。研究发现，在构成可追溯猪肉的不同类别的信息属性及其层次中，消费者对可追溯信息真实性政府认证属性的支付意愿最高，其次是对高层次可追溯信息属性的支付意愿，而且相对于外地产标签信息属性，消费者更偏好具有本地产标签的可追溯猪肉。同时，消费者对产地标签的认知与家庭收入状况显著影响其对加贴产地信息属性标签的可追溯猪肉的购买选择。本文的研究认为，应该从供给侧结构性改革的角度，通过实施精准减税等政策引导可追溯猪肉的生产，既解决明显存在的结构性

---

* 国家社科基金重大招标课题“食品安全风险共治研究”（项目编号：14ZDA069）、国家自然科学基金项目“基于消费者偏好的可追溯食品消费政策的多重模拟实验研究：猪肉的案例”（项目编号：71273117）、国家软科学项目“中国食品安全消费政策研究”（项目编号：2013GXQ4B158）、江苏省六大人才高峰资助项目“食品安全消费政策研究：可追溯猪肉的案例”（项目编号：2012－JY－002）、江苏省高校哲学社会科学优秀创新团队建设项目“中国食品安全风险防控研究”（项目编号：2013－011）、中国博士后科学基金项目：“复合型可追溯食品的社会福利效率评估研究：猪肉的案例”（项目编号：2015M580391）。

** 陈秀娟（1987～　），女，浙江金华人，江南大学江苏省食品安全研究基地博士后，研究方向为食品安全管理；秦沙沙（1989～　），女，河南焦作人，江南大学商学院硕士生，研究方向为食品安全管理；吴林海（1962～），男，江苏无锡人，江南大学江苏省食品安全研究基地首席专家，江南大学商学院教授，研究方向为食品安全与农业经济管理。

失调问题，又通过可追溯猪肉品种的丰富市场供应，满足不同收入消费群体的不同需求，扩大可追溯猪肉的市场容量，通过需求侧进一步促进供给侧的改革。

关键词： 可追溯猪肉　产地标签　真实选择实验　供给侧改革

一　引言

我国自 2000 年起开始探索性地建设食品可追溯体系，积极发展可追溯食品市场，但总体而言尚未有根本性的进展[1]。究其原因，主要是因为可追溯食品品种供给的结构性失调与需求不足。一方面，虽然国内市场上的可追溯食品包含不同层次的安全信息属性，但由于生产经营成本增加，市场价格上扬，可追溯食品的市场需求不足；另一方面，市场上供应的绝大多数可追溯食品所包含的安全信息属性残缺不全，难以满足消费需求[2]。值得关注的是，近年来国内一系列产地环境污染导致的农产品安全事件，引发了消费者对农产品产地信息的日益关注。实际上，国际研究表明，产地信息属性不仅是影响消费者食品选择的最重要的属性之一[3]，也是可追溯食品重要的安全信息属性。因此，在我国食品可追溯体系中引入产地标签政策，将产地信息属性纳入可追溯食品安全信息属性之中，完善可追溯食品安全信息属性体系，并由此调整可追溯食品的市场供应结构，满足不同消费群体的需求，以供给侧结构性改革引领可追溯食品消费就具有重要意义。本文基于目前市场上可追溯食品品种单一且存在明显结构性失调的现实特征，以可追溯猪肉为案例，运用真实选择实验（Real Choice Experiment，RCE）方法，在研究消费者对可追溯猪肉安全信息属性等消费偏好的基础上引入产地标签信息属性，深入研究消费者对加贴产地标签信息属性的可追溯猪肉的偏好与支付意愿，以期为我国有效推进食品可追溯体系的供给侧结构性改革提供决策参考。

二　文献综述

消费者对食品的消费偏好与购买行为一直是国际学术界经久不衰的研

究热点。一系列研究表明，消费者的性别、年龄、受教育程度、收入水平与认知显著影响其对可追溯食品安全信息属性的偏好与支付意愿[4~8]。一般而言，产品信息的完整性影响消费需求。如 Maloney 等[9]的研究发现，产品信息的缺乏影响消费者对该产品的购买愿望，降低该产品在市场上的出售机会。根据 Lancaster[10]的消费者需求理论，可追溯食品可以被视为由多种安全信息属性组合而成，消费者的效用源自可追溯信息属性与属性的组合。

学者们就消费者对可追溯食品安全信息属性的偏好进行了大量研究，一致的观点是，不同国家的消费者普遍愿意为可追溯安全信息属性支付一定的额外费用[5,11,12]。Sun 等[13]的研究认为，消费者对食品安全质量认证的认知能显著提高其支付意愿。Ortega 等[14]认为中国消费者对猪肉质量安全的政府认证属性具有较高的支付意愿。Bai 等[11]的研究发现，消费者对可追溯信息属性的偏好受认证机构的影响，与第三方认证以及其他机构的认证相比，消费者最偏好由政府机构认证的可追溯食品，但随着消费者收入和知识的增长，消费者对第三方认证机构的信任逐渐增强。

学者们在研究中认为，作为信任属性的产地属性是影响消费者选择食品的重要属性。Feldmann 等[15]研究发现，消费者对食品安全信息的搜寻与对本地产食品的认知均影响其购买行为。虽然由于受消费文化和国情差异的影响，不同国家和地区的消费者对产地标签的偏好有所不同，但一系列研究[16~19]发现，相比于无产地标签的食品，消费者对加贴产地标签的食品具有更高的支付意愿。与此同时，学者们也就消费者对食品的产地属性与可追溯信息属性的消费偏好的差异性进行了比较研究。Loureiro 等[20]的研究表明，相比于产地属性，消费者更偏好美国农业部食品安全检测、肉质鲜嫩与可追溯性属性等信息。

目前国内对可追溯食品偏好的研究比较普遍，但对集可追溯信息、可追溯信息真实性认证、价格、产地标签信息等属性于一体的可追溯食品消费偏好的研究尚属少见，而采用真实选择实验方法的研究则更是少见。本文采用真实选择实验的研究方法，与多元 Logit 和混合 Logit 模型相结合，研究消费者对可追溯信息、可追溯信息真实性认证、产地标签信息等属性的偏好与支付意愿，以期为食品生产者推进供给侧改革，扩大可追溯食品的有效供给提供决策参考。

三　实验设计与组织实施

（一）实验方法的选择

本文将真实选择实验法用于消费偏好的研究。真实选择实验法属于非假想性实验法，可以较好地克服假想性实验所固有的实验结果容易失真的缺陷，且操作方法相对简单、成本较低，因此已成为目前国际上研究消费偏好的主流工具[4]。真实选择实验可以通过模拟实际的市场情景，让消费者在可追溯食品多层次安全信息属性之间做出选择，分解研究消费者对可追溯食品所具有的主要属性与层次的偏好，进而确定消费者对某个安全信息属性的偏好序[20]。

（二）不同属性的多层次设置

本文将生猪的养殖、屠宰加工、流通销售最易发生安全风险的 3 个环节[21]纳入猪肉可追溯信息属性设置中，并将其层次分别设置为追溯到养殖环节（*HiTrace*）、追溯到屠宰加工环节（*LoTrace*）、无可追溯信息（*NoTrace*）。考虑到猪肉不同部位价格的差异性，为保持数据的可比性，并基于猪后腿肉是消费者经常购买的猪肉品种[22]，因此在本文的研究中统一选取猪后腿肉作为实验标的物。

产地信息成为影响消费者购买决策的重要因素[23]，并且我国消费者也逐步偏好具有产地信息属性的可追溯食品[1]。虽然可追溯信息中的养殖信息已经包含生猪的产地信息，但可追溯信息属性属于信任属性，消费者在购买前以及购买后都难以识别，而且当产地信息属性通过标签的形式呈现时，作为信任属性的产地信息属性同时也是经验属性[23]。因此，本文以产地标签的形式，将可追溯信息中的产地信息属性由信任属性转变为经验属性与搜寻属性，以便消费者在购买时对可追溯猪肉做出直观判断。基于市场实地调研，本文将可追溯猪肉的产地信息属性的层次分别设置为本地产标签（*LOrigin*）（定义为“江苏省无锡市产”）、外地产标签（*OOrigin*）

（定义为“安徽省六安市”）与无产地标签（*NoOrigin*）。

目前食品安全信息认证制度既是评价食品安全质量的有效方法，也是食品安全信息规制的重要载体。业已证实，食品安全信息认证制度能够改善消费者在信息不对称中的弱势地位[24]，目前已成为发达国家政府监管食品安全的重要手段[25]。本文研究中所指的可追溯猪肉的认证，作为猪肉可追溯安全信息体系的监管手段，是指政府或第三方机构对全程猪肉供应链体系中生产者、经营者的养殖、屠宰加工与配送销售 3 个环节相关信息的可靠性进行确认，以提高可追溯猪肉的权威性。同时考虑到中国消费者对可追溯食品的偏好受到不同认证机构的影响[11]，故本文引入可追溯信息真实性认证属性，并将其层次分别设置为政府认证（*GovCert*）、第三方机构认证（*ThiCert*）与无认证（*NoCert*）。

进一步，根据对江苏省无锡市的实地预调查，本文研究将普通实验标的物猪后腿肉的价格设置为 14 元/0.5 千克，并基于吴林海等[26]前期对可追溯猪肉支付意愿的研究结果，将可追溯猪后腿肉的价格设置为比普通猪后腿肉价格高 20% ~30%，最终将价格属性设置为 14 元/0.5 千克、16 元/0.5 千克、18 元/0.5 千克 3 个层次，具体设置见表 1。

表 1 猪后腿肉属性与层次设置

属　性	属性层次
1. 可追溯信息（*Trace*）	1. 追溯到养殖环节（*HiTrace*） 2. 追溯到屠宰加工环节（*LoTrace*） 3. 无可追溯信息（*NoTrace*）
2. 可追溯信息真实性认证（*TraceCert*）	1. 政府认证（*GovCert*） 2. 国内第三方认证（*ThiCert*） 3. 无认证（*NoCert*）
3. 产地标签（*Origin*）	1. 本地产标签（*LOrigin*） 2. 外地产标签（*OOrigin*） 3. 无产地标签（*NoOrigin*）
4. 价格（*Price*）	1. 14 元/0.5 千克（*Price* 1） 2. 16 元/0.5 千克（*Price* 2） 3. 18 元/0.5 千克（*Price* 3）

（三）实验组织与实施

本文以江苏省无锡市城区居民为实验参与者，分别在无锡市梁溪区、滨湖区、锡山区、惠山区、新吴区 5 个行政区招募城市居民参与实验，最终回收有效问卷共 110 份。真实选择实验通过引入激励相容的真实支付环节，并通过实物模拟真实的市场环境，在更接近现实选择决策的市场环境中，由参与者对不同属性层次组合的可追溯猪肉产品进行重复选择，并根据自身选择进行真实支付，由此研究对可追溯猪肉不同安全属性的支付意愿与偏好[27]。在每组实验开始之前，根据 2015 年上半年无锡市城镇居民人均每小时可支配收入水平给每位实验参与者发放 20 元钱，并清楚地告知参与者这 20 元钱用于真实支付自己所选择的具有安全信息属性的可追溯猪后腿肉。实验结束后，研究员采用随机的办法抽取一个选择集，参与者需要使用实验前所发放的 20 元钱，并根据自己的选择进行真实支付。

（四）实验问卷设计

本文设计的问卷分为三大部分，分别为“可追溯猪后腿肉的任务卡选择集”“实验参与者特征”“实验参与者的消费习惯与可追溯猪后腿肉安全信息属性的认知”。任务卡的设置基于本文表 1 对可追溯猪后腿肉所设置 4 种属性的 12 个属性层次，采用部分因子设计的方法设计问卷。根据随机设计的原则对可追溯猪肉的属性与属性层次进行组合，确保属性层次分布的平衡性，由此共设计出 10 个不同版本的实验问卷，且每个版本的问卷包含 12 个任务卡。考虑到省略“不购买”选项可能会限制实验参与者做出有效决策，故问卷在每个选择集的设计中加入“不购买”选项[28]。最终形成如图 1 所示的任务卡样例。考虑到参与者对产地标签信息的偏好受到其个体与社会特征、认知等因素的影响[29]，参与者对可追溯猪后腿肉的产地标签信息的偏好存在异质性。因此，在调查问卷中特别增加了如表 3 所示的参与者对在可追溯猪后腿肉标签上加贴产地标签的认知。

（五）模型选择与构建

McFadden 等[30]曾提出，当需要对同一个参与者（受访个体）所做出

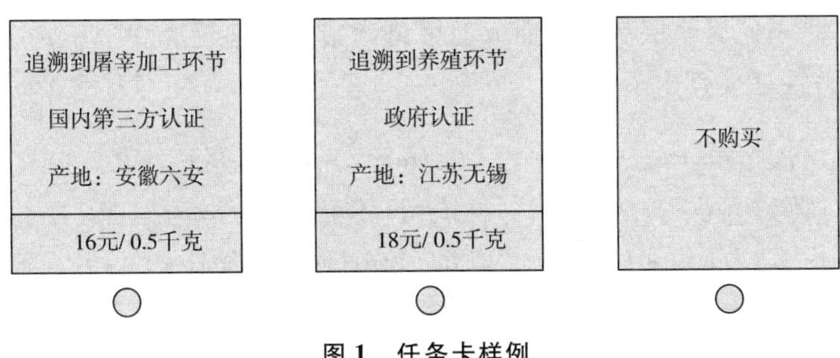

图1　任务卡样例

的多次重复的选择进行分析时，多元 Logit（MNL）模型尤为有效[30~31]，选择实验也是如此。然而，多元 Logit 模型假设消费者的偏好具有同质性，与本文的研究假设相违背。而混合 Logit（ML）模型允许消费者的偏好存在异质性，能够有效解决多元 Logit 模型所存在的问题[32]。但混合 Logit 模型与多元 Logit 模型相比较而言，相对缺乏严格的理论支撑[33]。因此，本文将多元 Logit 模型与混合 Logit 模型进行对比分析，用以判断最适合本文的研究模型与验证消费偏好的异质性。

产品属性是从消费者需求角度进行定义的[34]，属性层次是指产品属性的不同取值[35]，不同属性与属性层次间随机组合形成产品轮廓。本文研究的可追溯猪后腿肉可视为由价格、可追溯信息、可追溯信息真实性认证、产地标签信息属性与各属性层次组合而形成的产品轮廓。假设实验参与者 i 在 t 情形下从 j 选择集中对可追溯猪后腿肉轮廓进行选择的效用表达式为：

$$U_{ijt} = \beta_i x_{ijt} + \varepsilon_{ijt} \tag{1}$$

其中，ε_{ijt} 为服从极值分布的随机干扰项，x_{ijt} 为第 j 个可追溯猪后腿肉轮廓的属性向量，β_i 为实验参与者 i 的分值向量。在每一个选择集中，在预算约束条件下，参与者基于自身效用最大化的原则对可追溯猪后腿肉轮廓进行选择。

在实验参与者对可追溯猪后腿肉轮廓的重复选择中，每一位参与者 $n=1$，…，100 面临 $T=12$ 个选择集（$t=1$，…，12）。在每一个选择集中，包含两种不同属性层次组合的可追溯猪后腿肉轮廓和一个不选项。因此，每位参与者有 $J=25$ 种选择（$j=1$，…，25），其中，这 25 种选择中包括 24 种不同属性层次组合而成的可追溯猪后腿肉轮廓和“不选项”。每个参与者选择的效用函数为：

$$
\begin{aligned}
U_{ijt} = {} & \beta_{0n} NoChoice_{njt} + \beta_{1n} Price_{njt} + \beta_{2n} Trace_{njt} + \beta_{3n} TraceCert_{njt} + \beta_{4n} Origin_{njt} + \\
& \beta_{5n} OriginView \times Origin_{njt} + \beta_{6n}(Demographics_{nt} \times Origin_{njt}) + \\
& \beta_{7n}(Trace_{nt} \times TraceView_{njt}) + \beta_{8n}(TraceCert_{nt} \times CertView_{njt}) + \xi_{njt}
\end{aligned} \tag{2}
$$

其中，$n = 1, \cdots, 100$，$j = 1, \cdots, 25$，$t = 1, \cdots, 12$，β 为实验参与者的分值向量，ξ_{njt} 为参与者选择效用函数的随机项，*OriginView*，*TraceView* 与 *CertView* 分别代表参与者对产地标签的认知、对可追溯体系以及可追溯信息认证体系的认知，*Demographics* 表示参与者个人统计特征。将参与者的个人统计特征设定为特定常量，同时将参与者对产地标签的认知纳入其选择的效用函数。鉴于参与者对安全食品认知的不同以及对可追溯猪肉偏好的异质性，将参与者对各属性的偏好与认知作为交叉项，运用 NLOGIT 5.0 进行分析。

四　实验结果与讨论

（一）实验参与者统计特征

实验参与者样本的统计性特征如表 2 所示。在参与者中女性占比高于男性；参与者平均年龄为 38.17 岁，略高于 2010 年我国第六次人口普查平均值，参与者招募的随机性比较好；65.00% 的参与者家中有 18 岁及以下年龄的小孩；26.36% 的参与者家庭平均年收入在 15 万元以上，23.64% 的参与者家庭年收入则为 30001 ~ 60000 元；受教育程度为大专的参与者占比相对较高为 30.91%，而硕士及以上、初中学历的参与者占比分别为 24.55%、14.55%。由于受到年龄、收入以及受教育程度等的影响，不同消费者的信息获取与理解能力存在差异。为了进一步了解消费者对可追溯体系的认知情况，本文根据消费者对可追溯体系以及可追溯信息认证体系的了解程度，采用 5 分制量表，从“完全不了解”到“非常了解”，以1 ~ 5 进行赋值的方式分别计算出，消费者对可追溯体系的认知指数为 2.64，对可追溯信息认证的认知指数为 3.51，并由表 3 的计算得出消费者对产地标签的认知指数为32.73，对食品安全的认知指数为31.56 。

表2　实验参与者样本的统计特征与对安全属性的风险认知指数

变　量	描述	平均值	标准差	最小值	最大值	人口普查值(2010)①
性别	1=男，0=女	0.41	0.49	0	1	0.51
年龄	参与者年龄	38.17	14.12	21	71	35.64
家庭人口数	家庭人口数	3.88	1.01	1	5	3.08
家中有无18岁及以下年龄的小孩	1=有，0=无	0.65	0.48	0	1	
家庭年收入		9.29	4.90	1.5	15	
受教育程度	受教育程度	14.15	4.04	6	19	8.76
对产地标签的认知(*OriginView*)	消费者对产地标签的认知指数	32.72	4.33			
对食品安全的认知(*SafetyView*)	消费者对食品安全的认知指数	31.56	4.70			
对可追溯体系的认知(*TraceView*)	消费者对可追溯体系的认知指数	2.64	1.33			
对可追溯信息认证的认知（*CertView*）	消费者对可追溯信息认证的认知指数	3.51	1.10			

①人口普查值的数据来源于《中国统计年鉴》(2010年)。

(二) 实验参与者对产地标签以及食品安全的认知

如表3所示，本文的实验问卷从4个方面设置了12个问题，每一个问题均采用从“非常不同意”到“非常同意”5分制量表的方法，对实验参与者的回答分别进行相对应的1~5赋值，并以此来研究参与者对产地标签的认知。根据参与者对前6个问题态度选择的平均值可以判断，参与者普遍认为在食品包装上加贴产地标签并不会降低食品本身的质量，但对是否应该通过加贴产地标签的形式来提高当前食品的安全性与产地标签信息的真实性持中立的态度。从参与者对问题7、8、9的回答中可以判断，参与者普遍认为不应该通过加贴产地标签的方式解决食品安全问题，并且认为产地标签政策的实施可能会使食品厂商随意使用产地标签并不利于食品的安全性，但消费者也表示对食品加贴产地标签能够帮助消费者对所购买食品有更多的了解。本文使用因子分析方法将消费者对产地标签的认知分为两大因素，一是反映产地标签对消费者购买选择方面的影响，二是反映消费者对产地标签的认知。

根据产地标签认知指数值的设置方法，每位参与者对产地标签的认知指数值应为 12 ~ 60，结果显示，本次实验参与者的产地标签认知指数的平均值为 32. 72，最小值为 22，最大值为 46。如表 4 所示，不同性别、年龄、受教育程度以及家庭年收入的参与者对产地标签的认知并无显著差异。但相对而言，男性、年龄为 25 ~ 34 岁、高中学历、家庭年收入为 60001 ~ 100000 元的参与者较其他层次的参与者的认知指数平均值更高。在所有实验参与者中，仅有 6. 36% 的参与者认为现在已经有足够多的可供选择的食品，不需要通过产地标签的形式生产更多种类的食品。有 7. 27% 的参与者认为产地标签的作用被夸大了，45. 45% 的参与者认为对食品加贴产地标签可能会存在安全问题，并且这类参与者中有 18% 的消费者对产地标签信息的真实性持怀疑的态度。有 82. 73% 的参与者认为对食品加贴产地标签能够使消费者对自己所购买的食品有更多的了解。

表 3　消费者对产地标签的认知指数

类　别	描　述	平均值	标准差	因素 1	因素 2
在食品包装上加贴产地标签是不必要的	1. 现在已经有足够多的食品，不需要通过产地标签的形式生产更多的食品	2. 136	1. 018	0. 545	0. 124
	2. 产地标签的作用往往会被夸大	1. 891	0. 980	0. 860	0. 208
	3. 在食品包装上加贴产地标签可能会降低食品本身的质量	1. 809	1. 215	-0. 364	0. 759
	4. 目前的食品已经很安全，不需要通过加贴产地标签的方式来提高安全度	3. 055	1. 549	-0. 120	0. 011
	5. 加贴产地标签的食品没有普通食品的安全度高	1. 955	1. 244	-0. 485	0. 714
	6. 对产地标签的真实性不能确定	2. 600	0. 901	0. 319	0. 646

续表

类　别	描　述	平均值	标准差	因素 1	因素 2
对产地标签的认知	7. 不应该通过加贴产地标签的方式解决食品安全问题	2.418	0.734	0.112	0.466
	8. 从长远来看，加贴产地标签的坏处可能会大于益处	2.936	0.911	-0.220	0.102
	9. 加贴产地标签的食品可能会存在一定风险	3.400	0.804	0.112	0.125
健康选择	10. 对食品加贴产地标签能够使消费者对所购买食品有更多的了解	4.109	0.980	0.860	-0.208
	11. 对食品加贴产地标签可以帮助消费者选择更健康的食品	2.818	1.497	0.510	0.172
媒体关于产地标签的报道	12. 媒体对产地标签的报道会秉持公正客观的态度	2.591	0.721	0.256	0.489

表 4　不同性别、年龄、受教育程度以及家庭年收入的实验参与者对产地标签的认知指数

变量	分　类	最小值	最大值	平均值	标准差	样本数（N）
性别	男	22	42	33.02	4.25	45
	女	24	46	32.51	4.41	65
年龄	18~24 岁	26	39	32.64	4.09	14
	25~34 岁	24	46	32.82	4.10	44
	35~44 岁	22	42	32.61	4.84	23
	45~54 岁	28	37	32.67	3.14	6
	55~64 岁	24	39	32.72	4.55	18
	65 岁及以上	24	41	32.60	6.80	5
受教育程度	小学及以下	24	38	30.67	4.50	9
	初中	24	42	34.06	4.54	16
	高中（包括职业高中）	26	41	34.25	4.20	12
	大专	26	39	32.85	3.67	34
	本科	24	46	31.50	5.93	12
	硕士及以上	22	40	32.30	4.06	27

续表

变量	分 类	最小值	最大值	平均值	标准差	样本数（N）
家庭年收入	30000 元及以下	24	39	32.64	4.67	14
	30001～60000 元	24	42	32.38	3.88	26
	60001～100000 元	22	46	33.53	5.36	19
	100001～150000 元	27	39	32.32	3.93	22
	150000 元以上	24	41	32.83	4.33	29

同样，本文通过研究消费者对食品安全的关注程度、对与猪肉相关的口蹄疫病、李斯特菌、链球菌病、抗生素、沙门氏菌、大肠杆菌、生长激素以及猪肉价格的了解与关注程度 9 个问题，采用 5 分量表的形式，从 1～5 进行赋值的方式得出消费者对食品安全的认知指数，平均值为 31.56，并检验消费者对产地标签的认知与对食品安全认知之间的相关性，如表 5 所示。表 5 显示消费者对产地标签的认知与对食品安全的认知在 5% 的水平上负相关，即对食品安全认知指数越高的消费者对产地标签的认知指数越低。由此可见，对猪肉安全关注度越高的消费者越容易接受产地标签政策的实施。

表 5 消费者对产地标签的认知与对食品安全认知之间的相关性

	OriginView	*SafetyView*
OriginView	1	-0.112*
SafetyView	-0.112*	1

注：*表示在 5% 的水平上统计显著。

（三）模型结果与分析

表 6 为多元 Logit 和混合 Logit 模型的估计结果。总体而言，在两种模型中，不购买选项（*NoChoice*）与价格属性（*Price*）的系数均为负，且均在 1% 的水平上显著，高层次可追溯信息属性、追溯到养殖环节的可追溯信息属性（*HiTrace*）的系数均为正，且均在 1% 的水平上显著，可追溯信息真实性认证属性（*GovCert*）以及可追溯信息真实性第三方认证属性（*ThiCert*）的系数均为正，且在 5% 的水平上显著，低层次可追溯信息属性

(*LoTrace*) 的系数为正，且分别以 10% 和 5% 的显著性在混合 Logit 与多元混合 Logit 模型上显著。在交叉项中，本地产标签属性（*LOrigin*）与消费者对产地标签的认知（*OriginView*）属性的交叉项（*LOrigin* × *OriginView*）的系数分别在混合 Logit 与多元 Logit 模型中为负，且均在 10% 的水平上显著，表明对产地标签的认知指数越高的消费者，对本地产标签属性的接受程度越低，同时印证了表 3 所述的消费者的认知指数越高，说明消费者对产地标签政策的实施越排斥。

在表 6 多元 Logit 模型的估计结果中，除外地产标签属性（*OOrigin*）的方差（*NsOOrigin*）值不显著外，高层次可追溯信息（*HiTrace*）、低层次可追溯信息（*LoTrace*）、可追溯信息真实性的政府认证（*GovCert*）、可追溯信息真实性的第三方认证（*ThiCert*）以及本地产标签属性（*LOrigin*）的方差值 *NsHiTrace*、*NsLoTrace*、*NsGovCert*、*NsThiCert* 以及 *NsLOrigin* 系数均在 1% 的水平上显著，验证了消费异质性的存在。因此，本文以受教育程度（education）、年龄（age）、性别（gender）、家庭年收入（income）作为协变量，引入两种模型中进行分析。结果发现，本地产标签属性（*LOrigin*）与家庭年收入（*income*）属性的交叉项（*LOrigin* × *income*）的系数，分别在多元 Logit 与混合 Logit 模型中为负，且均在 5% 的水平上显著，表明家庭年收入越低的消费者越愿意购买带有本地产标签的食品，这与 Hu 等[18]的研究结论相一致。

表 6　多元 Logit 与混合 Logit 模型估计结果

变　量	多元 Logit 模型		混合 Logit 模型	
	系数 Coefficient	标准差 Standard deviation	系数 Coefficient	标准差 Standard deviation
NoChoice	-2.1959***	0.4601	-2.2171***	0.5106
Price	-0.0902***	0.0283	-0.0955***	0.0314
HiTrace	0.4644***	0.1320	0.6048***	0.1856
LoTrace	0.2397*	0.1350	0.3513**	0.1689
GovCert	0.5257**	0.2067	0.6577**	0.2957
ThiCert	0.5111**	0.2034	0.5596**	0.2533
Lorigin	0.4614	0.8765	0.5732	1.0347

续表

变 量	多元 Logit 模型		混合 Logit 模型	
	系数 Coefficient	标准差 Standard deviation	系数 Coefficient	标准差 Standard deviation
Oorigin	0.2191	0.7620	-0.0552	0.8447
Lorigin × OriginView	-0.0285*	0.0159	-0.0324*	0.0189
Lorigin × SafteyView	-0.0137	0.0158	-0.0164	0.0187
Oorigin × OriginView	-0.0111	0.0138	-0.0078	0.0155
Oorigin × SafteyView	0.0075	0.0139	0.0105	0.0154
Lorigin × education	0.0020	0.0210	0.0011	0.0249
Lorigin × age	-0.0012	0.0062	-0.0021	0.0073
Lorigin × gender	-0.1027	0.0751	-0.1079	0.0843
Lorigin × income	-0.0326**	0.0148	-0.0356**	0.0177
Oorigin × education	0.0061	0.0179	0.0122	0.0199
Oorigin × age	0.0017	0.0053	0.0032	0.0059
Oorigin × gender	0.0327	0.0674	0.0286	0.0714
Oorigin × income	-0.0157	0.0127	-0.0178	0.0143
LoTrace × TraceView	-0.0261	0.0454	-0.0428	0.0561
HiTrace × TraceView	0.0213	0.0445	0.0095	0.0622
GovCert × CertView	0.0503	0.5617	0.0530	0.0801
ThiCert × CertView	-0.0310	0.0548	-0.0274	0.0683
NsHiTrace			0.5125***	0.1033
NsLoTrace			0.3602***	0.1091
NsGovCert			0.5627***	0.1097
NsThiCert			0.3512***	0.1205
NsLorigin			0.2934***	0.1221
NsOorigin			0.0367	0.1285
Log - likelihood	-1069.9126		-1050.4615	

注：***、**和*分别表示在 1%、5%和 10%水平上统计显著。

根据混合 Logit 模型的估计结果，可进一步估算消费者对各个属性层次的支付意愿，并且基于 Krinsky 等[36]参数自展方法得到相应的置信区间。如表 7 所示，除外地产标签属性的支付意愿系数为负外，其余各层次属性的支付意愿系数均为正，表明高低两种层次的可追溯信息属性、可追溯信息真实性的政府和第三方认证属性，以及本地产标签属性的支付意愿具有一定的溢价，对可追溯信息真实性政府认证属性的支付意愿最高（6.8223元/0.5千克），其次是对高层次可追溯信息属性的支付意愿（6.4427元/0.5千克）。对可追溯信息属性而言，对高层次可追溯信息属性的支付意愿相对较高，且比对低层次可追溯信息属性的支付意愿高出2.8015元/0.5千克，这个结论与吴林海等（2015）[1]的研究相似，可追溯信息内涵的丰富性与支付意愿呈正相关。从可追溯信息真实性认证两种不同属性层次支付意愿的计算结果来分析，对政府认证属性的支付意愿高于对第三方认证属性的支付意愿（每0.5千克高出0.8585元），说明可追溯信息的政府认证属性更受到信赖，这与Ortega等[14]使用选择实验方法对中国消费者对猪肉产品质量安全属性消费偏好的研究结论一致。而从对产地属性的支付意愿来看，对本地产标签的支付意愿要明显高于对外地产标签的支付意愿，这与Chang等[37]的研究结论相同。

表7　混合Logit模型计算的消费者对各属性的支付意愿

属　性	支付意愿	置信区间
HiTrace	6.4427	[5.8213，7.0642]
LoTrace	3.6412	[3.2993，3.9831]
GovCert	6.8223	[6.1159，7.5286]
ThiCert	5.9638	[5.6483，6.2793]
Lorigin	3.6412	[3.2993，3.9831]
Oorigin	-0.5789	[-0.5885，-0.5692]

注：以上方括号中的置信区间均为95%的置信区间。

五　主要结论

本文运用真实选择实验与Logit模型相结合的研究方法，在对可追溯猪肉设置可追溯信息、可追溯信息真实性认证与价格属性的基础上，将产地信息属性纳入可追溯属性体系，构成相对完整的可追溯猪肉轮廓，并研究消费者对产地标签的认知与对产地属性的支付意愿。主要研究结论如下：

在构成可追溯猪肉的不同类别的信息属性及其层次中，消费者对可追溯信息真实性政府认证属性的支付意愿最高，其次是对高层次可追溯信息属性的支付意愿，而且相对于外地产标签信息属性，消费者更偏好具有本地产标签属性的可追溯猪肉。

本文的研究对推进可追溯猪肉的结构性改革具有重要的参考意义，一是可追溯猪肉所包含的安全信息属性残缺不全，并不具备事前预警功能，品种存在明显的结构性失调，应该从供给侧结构性改革的角度，通过实施精准减税等政策引导可追溯猪肉的生产。二是由于消费者对可追溯猪肉的偏好具有差异性，且受家庭收入的影响，因此政策引导可追溯猪肉供给侧改革的重点是生产丰富的可追溯猪肉品种，与此同时充分发挥市场的决定性作用，满足不同收入消费群体的不同需求，扩大可追溯猪肉的市场容量，通过需求侧来进一步促进供给侧的改革。三是逐步推行产地政策，进一步完善猪肉生产的支持政策，促进生产者和消费者建立信任关系，提供猪肉安全信息甄别机制。需要指出的是，本文的研究虽然以可追溯猪肉作为案例，但上述研究结论对可追溯食品市场体系建设与农产品、食品工业的结构性改革同样具有借鉴意义。

参考文献

[1] 吴林海、秦沙沙、朱淀等:《可追溯猪肉原产地属性与可追溯信息属性的消费者偏好分析》,《中国农村经济》2015 年第 6 期。

[2] 周洁红、李凯:《农产品可追溯体系建设中农户生产档案记录行为的实证分析》,《中国农村经济》2013 年第 5 期。

[3] Chung, C., Boyer, T., Han, S., "Valuing Quality Attributes and Country of Origin in the Korean Beef Market," *Journal of Agricultural Economics*, 2009, 60 (3): 682 - 698.

[4] Gracia, A., Loureiro, M. L., Navga, R. M., "Are Valuations from Nonhypothetical Choice Experiments Different From Those of Experimental Auctions," *American Journal of Agricultural Economics*, 2011, 93 (5): 1358 - 1373.

[5] Zhang, C., Bai, J., "Consumers' Willingness to Pay for Traceable Pork, Milk, and Cooking Oil in Nanjing, China," *Food Control*, 2012, 27 (1): 21 - 28.

[6] 吴林海、卜凡、朱淀:《消费者对含有不同质量安全信息可追溯猪肉的消费偏好》,《中国农村经济》2012 年第 10 期。

[7] Lim, K. H. , Hu, W. , Maynard, L. J. , "U. S. Consumers' Preference and Willingness to Pay for Country - of - Origin - Labeled Beef Steak and Food Safety Enhancements," *Canadian Journal of Agricultural Economics*, 2013, 61 (1): 93 - 118.

[8] Liu, G. , Chen, H. , "An Empirical Study of Consumers' Willingness to Pay for Traceable Food in Beijing, Shanghai and Jinan of China", *African Journal of Business Management*, 2015, 9 (3): 96 - 102.

[9] Maloney, J. , Lee, M. Y. , Jackson, V. , "Consumer Willingness to Purchase Organic Products: Application of the Theory of Planned Behavior," *Journal of Global Fashion Marketing*, 2014, 5 (4): 308 - 321.

[10] Lancaster, K. J. , "A New Approach to Consumer Theory," *Journal of Political Economy*, 1996, 4 (2): 132 - 157.

[11] Bai, J. , Zhang, C. , Jiang, J. , "The Role of Certificate Issuer on Consumers' Willingness - to - pay for Milk Traceability in China," *Agricultural Economics*, 2013, 44 (4 - 5): 537 - 544.

[12] 吴林海、王淑娴、Hu Wuyang:《消费者对可追溯食品属性的偏好和支付意愿:猪肉的案例》,《中国农村经济》2014 年第 8 期。

[13] Sun, S. M. , Zhang, Y. Y, Zhang, J. R. , "Empirical Analysis of Factors Influencing Willingness of Pig Farms (Farmers) to Perform Positive Behaviors based on the Logit - ISM Model," *Chinese Rural Economy*, 2012, (10): 24 - 36.

[14] Ortega, D. L. , Wang, H. H. , Wu, L. , "Modeling Heterogeneity in Consumer Preferences for Select Food Safety Attributes in China," *Food Policy*, 2011, 36: 318 - 324.

[15] Feldmann, C. , Hamm, U. , "Consumers' Perceptions and Preferences for Local Food: A Review," *Food Quality and Preference*, 2015, 40: 152 - 164.

[16] Verbeke, W. and Roosen, J. , "Market Differentiation Potential of Country - of - origin, Quality and Traceability Labeling," *The Estey Centre Journal of International Law and Trade Policy*, 2009, 10 (1): 20 - 35.

[17] James, J. S. , Rickard, B. J. and Rossman, W. J. , "Product Differentiation and Market Segmentation in Applesauce: Using a Choice Experiment to Assess the Value of Organic, Local, and Nutrition Attributes," *Agricultural and Resource Economics Review*, 2009, 38 (3): 357 - 370.

[18] Hu, W., Woods, T. A. and Bastin, S., "Consumer Acceptance and Willingness to Pay for Blueberry Products with Nonconventional Attributes," *Journal of Agricultural and Applied Economics*, 2009, 41 (1): 47 - 60.

[19] Nganje, W. E., Hughner, R. S. and Lee, N. E., "State - Branded Programs and Consumer Preference for Locally Grown Produce," *Agricultural and Resource Economics Review*, 2011, 40 (1): 20 - 32.

[20] Loureiro, M. L., Umberger, W. J., "A Choice Experiment Model for Beef: What US Consumer Responses Tell us about Relative Preferences for Food Safety, Country - Of - Origin Labeling And Traceability," *Food Policy*, 2007, 32 (4): 496 - 514.

[21] 吴林海、王红纱、刘晓琳：《可追溯猪肉：信息组合与消费者支付意愿》，《中国人口·资源与环境》2014年第4期。

[22] 王怀明、尼楚君、徐锐钊：《消费者对食品质量安全标识支付意愿实证研究——以南京市猪肉消费为例》，《南京农业大学学报》（社会科学版）2011年第1期。

[23] Tsakiridou, E., Mattas, K., Tsakiridou, H., "Purchasing Fresh Produce on the Basis of Food Safety, Origin and Traceability Labels," *Journal of Food Products Marketing*, 2011, 17 (2 - 3): 211 - 226.

[24] 闫海、徐岑：《我国食品安全认证制度构建——以信息规制为视角》，《长白学刊》2013年第1期。

[25] 梁颖、卢海燕、刘贤金：《食品安全认证现状及其在我国的应用分析》，《江苏农业科学》2012年第6期。

[26] 吴林海、王淑娴、徐玲玲：《可追溯食品市场消费需求研究——以可追溯猪肉为例》，《公共管理学报》2013年第3期。

[27] Horowitz, J. K. and McConnell, K. E., "A Review of WTA/WTP Studies," *Journal of Environmental Economics and Management*, 2002, 44 (3): 426 - 447.

[28] Adamowicz, W., Boxall, P., Williams, M., et al., "Stated Preference Approaches for Measuring Passive Use Values: Choice Experiments and Contingent Valuation," *American Journal of Agricultural Economics*, 1998, 80 (1): 64 - 75.

[29] Wu, L., Xu, L. and Gao, J., "The Acceptability of Certified Traceable Food Among Chinese Consumers," *British Food Journal*, 2011, 113 (4): 519 - 534.

[30] McFadden, D. and Train, K., "Mixed MNL Models of Discrete Response," *Journal of Applied Econometrics*, 2000, 15: 447 - 70.

[31] Brownstone, D. and Train, K., "Forecasting New Product Penetration with Flexible Substitution Patterns," *Journal of Econometrics*, 1999, 89: 109 - 129.

[32] Chen, Q., Anders, S., An, H., "Measuring Consumer Resistance to a New Food Technology: A Choice Experiment in Meat Packaging," *Food Quality and Preference*, 2013, 28 (2): 419 - 428.

[33] Chang, J. B., Lusk, J. L., Norwood, F. B., "How Closely Do Hypothetical Surveys and Laboratory Experiments Predict Field Behavior," *American Journal of Agricultural Economics*, 2009, 91 (2): 518 - 534.

[34] Becker, T., "Consumer Perception of Fresh Meat Quality: A Framework for Analysis," *British Food Journal*, 2000, 102 (3): 158 - 176.

[35] 菲利普·科特勒:《营销管理》,梅汝和等译,中国人民大学出版社,2001。

[36] Krinsky, I., Robb, A. L., "Three Methods for Calculating the Statistical Properties of Elasticities: A Comparison," *Empirical Economics*, 1991, 16 (2): 199 - 209.

[37] Chang, K. L., Xu, P., Underwood, K. et al., "Consumers' Willingness to Pay for Locally Produced Ground Beef: A Case Study of the Rural Northern Great Plains," *Journal of International Food & Agribusiness Marketing*, 2013, 25 (1): 42 - 67.

农村食品安全消费态度与行为差异分析*

王建华　王思瑶　徐玲玲**

摘　要：现阶段，我国食品安全状况不容乐观，食品安全事件频繁发生。食品安全问题的产生不仅有食品生产商、供应者、政府相关部门的原因，食品消费者也起到重要作用，其对食品安全消费的态度和行为显著影响食品企业和政府部门的行为选择。现有研究大多针对消费意愿和行为的影响因素进行分析，往往忽视消费态度、意愿和行为之间的客观差异。本文基于我国20个省份500个自然村的实证调研数据，在引入空间地理分析概念的基础上，采用空间相关性检验的全Moran'I指数与局部Moran'I自相关指数，对我国农村居民的食品安全消费态度、意愿和行为之间的差异状况以及影响因素进行研究。结果显示，现阶段，我国农村居民普遍持有较明确的食品安全消费态度。同时，食品安全消费态度与食品安全消费意愿、行为之间存在一定程度的差异。造成这种差异的主要因素包括主观规范的作用、感知行为控制的影响、农村消费者的固有消费习惯、食品安全

---

* 2014年度国家社科基金重大项目"食品安全风险社会共治研究"（项目编号：14ZDA0690）；江苏高校哲学社会科学优秀创新团队建设项目"中国食品安全风险防控研究"（项目编号：2013－011）；2015年国家自然科学基金项目"病死猪流入市场的生猪养殖户行为实验及政策研究"（项目编号：71540008）；江南大学新农村发展研究院战略研究课题"苏南农业现代化进程中的家庭农场发展研究"（项目编号：JUSRP1505XNC）。

** 王建华（1979～　），男，河南汝南人，管理学博士，江南大学商学院副教授、硕士生导师，研究方向为食品安全管理与农业经济；王思瑶（1991～　），女，江苏徐州人，江南大学商学院硕士研究生，研究方向为食品安全管理与农业经济；徐玲玲（1981～　），女，江苏扬州人，博士，江南大学商学院副教授、硕士生导师，江苏省食品安全研究基地讲师，研究方向为食品安全管理。

消费基础设施建设不完善、政府监管认证力度不足以及相关政策缺失等。最后，本文提出有针对性的对策建议，具体包括：加强安全食品报道和宣传；加大科学技术投入力度；健全农村食品安全流通市场体系；加强食品检验检测。

关键词： 食品安全　消费态度　食品安全消费行为　差异分析　影响因素

随着我国经济社会的不断发展，消费者对食品安全消费的诉求不断提高，在很大程度上已从追求数量上的充足保障转移到对质量安全的更高要求。然而，我国现阶段的食品安全状况不容乐观，食品安全事件频繁发生。食品安全问题主要包括3个类别：一是指食物供给安全，即食物的供给数量是否能够满足现实需求；二是指食品质量安全，即食品中是否存在有毒、有害的物质，从而对人体产生威胁和损害；三是指食品卫生[1]。本文分析研究的食品安全消费问题主要指消费者对食品质量安全方面的诉求。食品安全问题的产生不仅有食品生产商、供应者、政府相关机构的原因，食品消费者在食品安全问题的产生过程中同样扮演着至关重要的角色。消费者是消费结果的最终承受者，消费者在食品安全问题上的态度与消费倾向会对政府和食品企业的行为选择产生深刻影响，而消费者自身的食品安全实践决定了食品安全管理的效用[2]。多数学者认为，基于消费意愿可以有效预测消费行为的基础，从显著影响因素入手，施以有力的外界刺激，可以促进食品安全消费行为的发生。为了进一步促进食品安全消费，已有学者对食品安全消费态度以及食品安全消费行为的影响因素进行了大量理论研究。

周应恒等通过研究发现，价格、家庭总人口数、对蔬菜残留农药的风险感知、城市规模等因素对消费者安全食品购买意愿产生负向影响，家中小孩数、家庭月总收入等因素对消费者的安全食品购买意愿产生正向影响[3]。何德华等运用二元和有序 Probit 模型对消费者无公害蔬菜的购买行为和支付意愿进行了类似的研究，研究表明年龄、收入和对无公害蔬菜的认知程度影响消费者对无公害蔬菜的购买行为，受教育程度、收入和对无公害蔬菜的认知程度影响消费者的支付意愿[4]。罗丞认为消费者的主观知识、购买安全食品的频率、对食品安全公共机构的信任程度以及对安全食品的态度显著正向影响其对安全食品的额外费用支付意愿[5]。但是在现实生活中，消费者“所说”与“所做”是否完全一致？施以外界刺激后其食品安全消费态度是否会最终转化为真实的食品安全消费行为？已有学者对此进行相应研究。钟甫宁认为即使消费者对蔬菜质量安全比较关注，并希望尽量购买安全的蔬菜，但在各种现实原因的影响下，此种购买意愿也未能全部转化为实际购买行为[6]。Resano - Ezcary 等通过研究发现，陈述性偏好数据只能预测一般性市场变化趋势以及消费者市场选择行为，即顾客的实际购买行为与其显示性偏好存在不一致性[7]。靳明等运用结构方程模型对消费者的绿色农产品消费意愿与消费行为进行研究，指出消费者较强的绿色农产品消费意愿在很大程度上并未真正地转化为实际消费行为，即存在消费意愿与消费行为不一致的现象[8]。

总结发现，现有研究对消费者食品安全消费意愿和消费行为的影响因素进行了较为普遍、深入的研究，但往往忽视了食品安全消费态度、消费意愿和消费行为之间存在的客观差异。仅有少量研究者通过调查对差异进行了实证研究，但对造成该现实差异的原因普遍缺少进一步的分析。然而，在现实市场传导机制作用下，食品安全消费态度、消费意愿和消费行为之间的差异对消费者最终的食品安全消费行为起到决定性的作用。根据上述研究可以做出假设，在差异存在的情况下，消费者的消费态度难以真实转化为消费意愿进而形成实际消费行为，因此，仅基于消费意愿或消费行为单个节点的影响因素实施促进措施，很难达到预期效果。

根据上述假设，本文首先使用空间地理扫描方法，结合我国农村地区的现实情况，验证食品安全消费态度、消费意愿和消费行为之间确实存在一定差异。然后，在计划行为理论框架下，对造成该差异的影响因素进行分析总结。最后，基于消费转化相关环节的影响因素提出有针对性的治理措施，旨在促进我国农村地区消费者的食品安全消费态度向食品安全消费意愿转变，进而促使食品安全消费行为真实发生，保证我国食品安全管理措施有效实施。

一 数据来源与研究方法

(一) 数据来源

我国农村各地区居民的食品安全消费行为具有很大的差异性，部分地区农村居民的食品安全消费意识及能力较强，具有更大的食品安全消费需求；而部分地区农村居民的食品安全消费意识淡薄，食品安全消费行为主动性较差，难以推动区域食品安全建设有效进行。考虑到现实条件的制约，本文选取典型省份的部分农村地区居民作为调查对象，通过统计描述、分析比较的方法研究局部地区农村居民的食品安全消费行为，以近似反映各省份的整体状况，再将各省份农村居民的食品安全消费行为进行比较研究。

为客观分析我国农村居民的食品安全消费态度与食品安全消费行为之间的差异及其原因，江苏省食品安全研究基地采用分层抽样与随机抽样相结合的方法，历时 3 个月，组织在校大学生充当调查员进行了专门调查。首先，根据我国省级行政单位四大区域分布，按照区域地理位置、人文自然条件和经济发展程度三大标准从北方地区、南方地区、华北地区各抽取若干省份作为第一阶段的抽样地区，由于现实条件限制，未在青藏地区设置调查点。调查总计抽取 20 个省份，包括安徽、江苏、山西、福建、广东、广西、贵州等。鉴于调查对象仅限于农村居民，而港、澳、台及北京、天津、上海 3 个直辖市的农村居民数量有限，因此不在调查范围内。其次，根据上述三大标准从每个省份中抽取 25 个自然村作为第二阶段的分层抽样地区，全国共计抽取 500 个自然村。最后，在每个样本村随机抽取 8 个农户进行调查。此次调查共发放问卷 4000 份，回收问卷 3885 份，问卷有效回收率为 97.1%。问卷主要包括我国农村居民的食品安全消费态度、食品安全消费意愿和食品安全消费行为 3 个维度，以此测度我国农村居民的食品安全消费态度和行为之间的差异，并在此基础上分析产生差异的主要因素。

(二) 研究方法

现有针对农村食品安全消费态度和行为的研究方法，大多以整体的宏观数据为研究单元，并未将空间微观因素考虑在内，难以考量不同区域之间的差异性。而空间地理扫描方法着眼于不同区域的固有特质，可以有效度量区域间的集聚程度以及差异状况，常用的方法是空间自相关分析。空间自相关是指同一属性在不同空间位置的相关性，空间位置越邻近，属性越趋同，空间现象越相似。空间自相关的度量方法可分为全局空间自相关分析方法和局部空间自相关分析方法。全局自相关描述某种现象的整体分布情况，判定区域内是否存在空间集聚特征及集聚强度，但不能确定集聚的具体位置；局部自相关计算局部空间集聚性并指出集聚的位置，探测空间异质性。本文通过全局空间自相关分析了解农村食品安全消费、意愿和行为的大致集聚状况，再运用局部空间自相关分析判断具体集聚区域，最后通过消费态度、意愿、行为集聚区域的不一致性验证农村食品安全消费态度与行为差异的现实存在。

1. 全局自相关分析

本文运用全局 Moran 指数公式对区域农村食品安全消费态度、消费意愿和消费行为的集聚状况进行测度：

$$I = \frac{n \times \sum_{i=1}^{n} \sum_{j=1}^{n} w_{ij}(x_i - \bar{x})(x_j - \bar{x})}{\sum_{i=1}^{n} \sum_{j=1}^{n} w_{ij} \times \sum_{i=1}^{n} (x_i - \bar{x})^2} \tag{1}$$

式中 I 为 Moran 指数，X_i 为区域 i 的消费态度、意愿、行为的观测值，W_{ij}为空间权重矩阵。

空间权重矩阵通常定义为一个二元对称空间权重矩阵，其中各数 W_{ij}表示区域 i 与 j 的邻近关系，可以通过邻接标准或距离标准来度量，常用的有邻接、距离、K 最近点 3 种方法。进制邻近（contiguity）方法具有 Rook（东、南、西、北 4 个区位 4 个邻居）和 Queen（除了东、南、西、北 4 个区位，还包括角落邻接区域总共 8 个邻居）两种标准。Rook 标准通常适合于所有具有共同边界的邻接区域，而 Queen 标准则适用于具有共同边界和共同邻接点的区域。K 近邻（K – nearest Neighbors）方法规定离某点距离最近的 K 个点为该点的邻居，空间权值为 1，否则为 0。距离阈值（Distance Threshold）方法确定区域间的空间距离，通过质心坐标来计算。设两个区域的质心坐标分别为（x_1，y_1）和（x_2，y_2），最简单的距离计算公式为：

$$d = \sqrt{(x_1 - x_2)^2 + (y_1 - y_2)^2} \tag{2}$$

当 d 小于设定的距离阈值（阈值本身是个经验数据，有时要测试），两者之间的空间影响较大，则权数为 1，否则为 0。

全局 Moran 指数的值介于 -1 和 1 之间，大于 0 为正相关，且越接近，正相关性越强，即邻接空间单元之间具有很强的相似性；小于 0 为负相关，且越接近 -1，负相关性越强，即邻接空间单元之间具有很强的差异性；接近 0 则表示邻接空间单元不相关。

2. 局域自相关分析

全局空间自相关 Moran 指数只能反映属性的空间集聚程度，不能确定具体集聚区域，而局部空间自相关的 Moran 指数解决了此类问题：

$$l_i = Z_i \sum_{j \neq i}^{n} w_{ij}' Z_j \tag{3}$$

其中，$Z_i = (x_i - x) / s$ 是 x_i 的标准化量值；Z_j 是与第 i 区域相邻接的属性标准化值；w_{ij}是权重矩阵。

3. Moran 散点图分析

Moran 散点图用于研究局部空间的异质性，Moran 散点图绘制于一个笛卡尔坐标系统中，横坐标为 Z_i，即为中心区域居民食品安全消费态度、食品安全消费意愿、食品安全消费行为综合指标的标准化值，纵坐标为 $\sum w_{ij}' Z_j$，即与 i 相邻的居民食品安全消费态度、食品安全消费意愿、食品安全消费行为综合指标的加权平均（标准化后），也称为空间滞后值。因此将出现以下 4 种类型的局部空间关系：

$$\begin{cases} Z_i > 0, \sum W_{ij}' Z_j > 0(+,+), \text{第一象限,高高集聚}(HH) \\ Z_i < 0, \sum W_{ij}' Z_j > 0(-,+), \text{第二象限,低高集聚}(LH) \\ Z_i < 0, \sum W_{ij}' Z_j > 0(-,-), \text{第三象限,低低集聚}(LL) \\ Z_i > 0, \sum W_{ij}' Z_j > 0(+,-), \text{第四象限,高低集聚}(HL) \end{cases}$$

以上 4 种局部空间关系的含义是：属性值高于均值的空间单元被属性值高于均值的邻域所包围（高高关联），属性值低于均值的空间单位被属性值低于均值的邻域所包围（低低关联），属性值高于均值的空间单元被属性值低于均值的邻域所包围（高低关联）及属性值低于均值的空间单元被属性值高于均值的邻域所包围（低高关联）。

二　农村居民食品安全消费态度与行为差异性实证分析

（一）全局空间自相关分析

利用公式（1）使用 Geoda 软件分别对各省份居民食品安全消费态度、食品安全消费意愿、食品安全消费行为计算其自相关 Moran 指数，结果如表 1 所示。

表 1　全局自相关 Moran 指数

	Moran 指数	P　值	是否显著
我国农村居民食品安全消费态度	0. 207418	0. 035000	显　著
我国农村居民食品安全消费意愿	0. 233348	0. 050000	显　著
我国农村居民食品安全消费行为	0. 205203	0. 025000	显　著

同时，为了检验 Moran 指数是否显著，在 Geoda 中采用蒙特卡罗模拟的方法进行检验（见图 1 至图 3）。P 值分别等于 0. 035000、0. 050000、0. 025000，说明各全局自相关指数在 96. 5%、95. 0%、97. 5% 置信度下的空间自相关是显著的。

从表 1 数据可得出，我国居民食品安全消费态度、食品安全消费意愿、食品安全消费行为的 Moran 指数分别为 0. 207418、0. 233348、0. 205203，均为正值，显示了明显的空间自相关性。说明我国居民食品安全消费态度、食品安全消费意愿、食品安全消费行为在空间上均具有正相关性，互相影响。这意味着从整体来看，我国农村居民食品安全消费态度、食品安全消费意愿、食品安全消费行为在空间上均呈现为一种集聚现象。

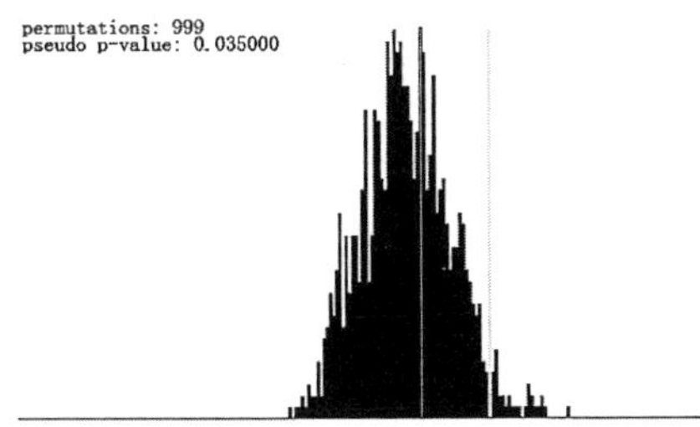

图 1 96.5%置信度下农村居民食品安全消费态度全局 Moran 指数检验图

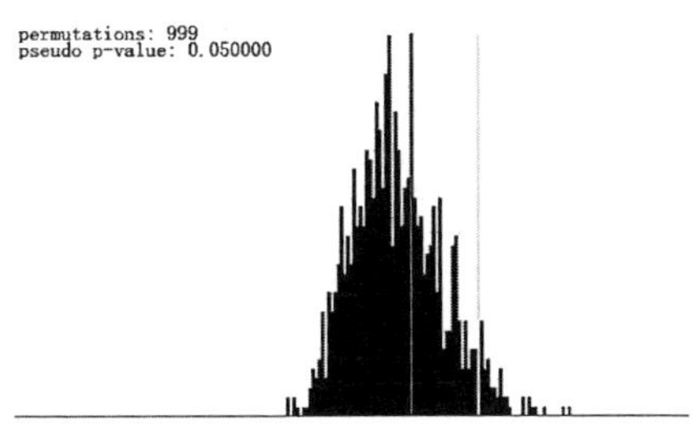

图 2 95.0%置信度下农村居民食品安全消费态度全局 Moran 指数检验图

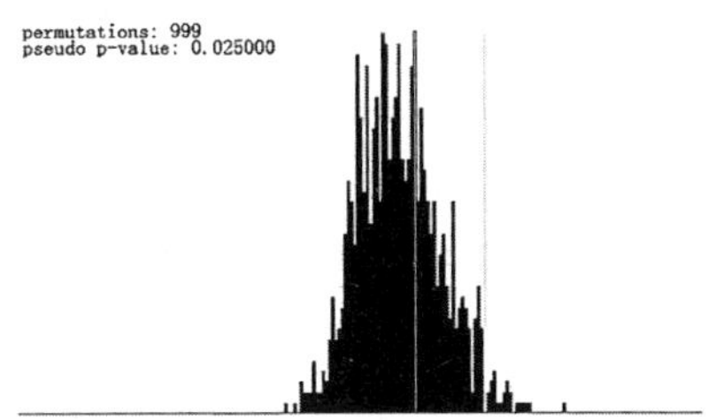

图 3 97.5%置信度下农村居民食品安全消费态度全局 Moran 指数检验图

（二）局部空间自相关分析

使用 Geoda 计算并给出局部 Moran 指数的散点图（见图 4 至图 6）。

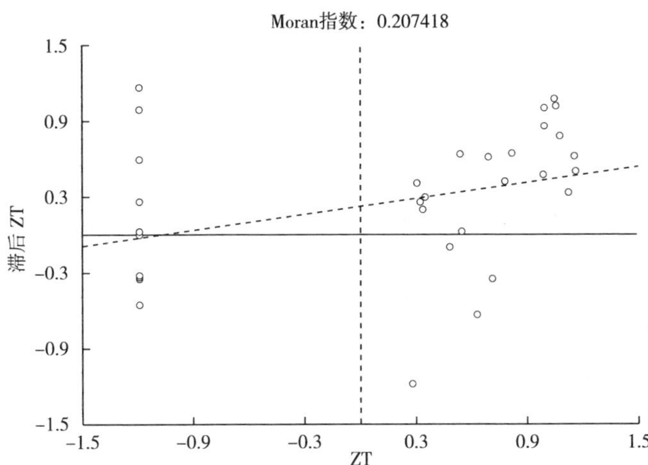

图 4 农村居民食品安全消费态度局部 Moran 指数散点图

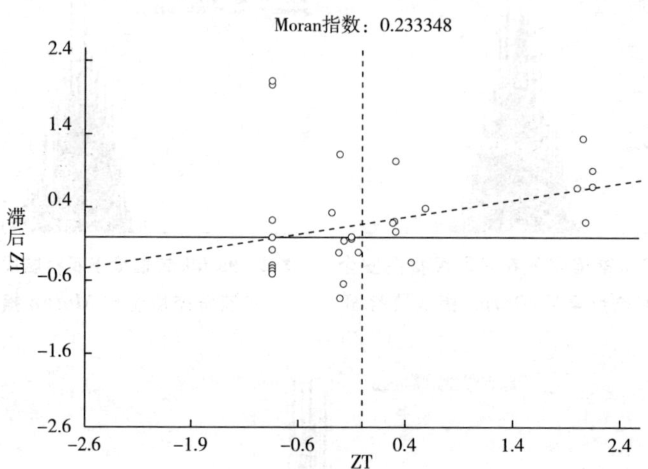

图 5　农村居民食品安全消费意愿局部 Moran 指数散点图

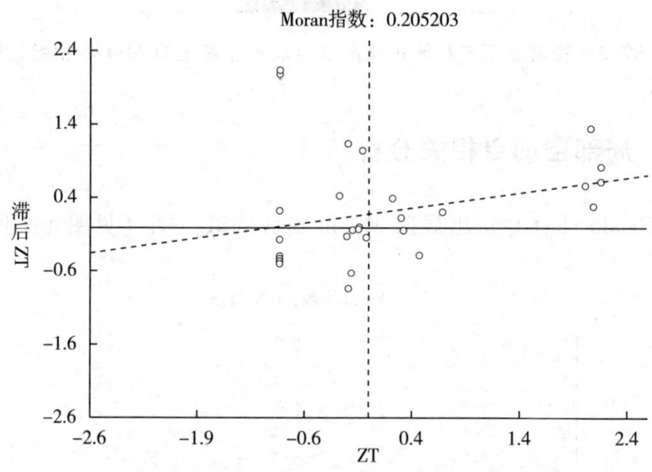

图 6　农村居民食品安全消费行为局部 Moran 指数散点图

Moran 指数显示，我国农村居民食品安全消费态度大致呈现正的空间相关关系。在农村居民食品安全消费态度局部 Moran 指数散点图中，我国农村居民食品安全消费态度在第一、第三象限呈现局部的高高和低低分化集群，可以判断我国农村居民食品安全消费态度在地理空间的分布上存在依赖性和异质性。山东、安徽、浙江、江西、福建、湖南为高高集聚，这些省份的农村居民对食品安全消费关注程度较高，且与其相邻的区域居民的关注程度同样呈高水平。新疆、四川为高低集聚。由此可知，我国农村居民的食品安全消费态度在空间上存在明显的集聚现象，集聚类型主要表现为高高集聚，同时地区之间食品安全消费态度差异较大。山东、安徽、浙江、江西、福建、湖南6个省份的农村居民对食品安全消费的关注程度较高，为食品安全消费态度的热点区域。

图5显示，我国农村居民的食品安全意愿大致呈现为正的空间相关关系。在农村居民食品安全消费意愿局部Moran指数散点图中，我国农村居民的食品安全消费意愿在第一、第三象限呈现局部的高高和低低分化集群，可以判断我国农村居民的食品安全消费意愿在地理空间的分布上存在依赖性和异质性。江苏、安徽、福建为高高聚集，这些省份农村居民的食品安全消费意愿较强，且与其相邻的区域居民的意愿同样较强。新疆、四川为低低集聚，江西为低高集聚。

图6显示，我国农村居民的食品安全消费行为大致呈现正的空间相关关系。在农村居民食品安全消费行为局部Moran指数散点图中，我国农村居民的食品安全消费行为在第一、第三象限呈现局部的高高和低低分化集群，可以判断我国农村居民的食品安全消费行为在地理空间的分布上存在依赖性和异质性。江苏、福建为高高集聚，这些省份农村居民的食品安全消费行为较多，且与其相邻的区域居民的食品安全消费行为同样较多。新疆、四川为高低集聚，江西、安徽为低高集聚。

（三）热点区域分析

通过对Moran散点图的分析，绘制我国居民食品安全消费态度、食品安全消费意愿、食品安全消费行为热点区域汇总表，以更加直观清晰地分析热点区域的分布以及相关关系。

通过表2对我国农村居民的食品安全消费态度、食品安全消费意愿、食品安全消费行为的热点区域的分布以及相互间的动态转移变化进行分析，可以得出下述结论。从农村居民的食品安全消费态度来看，现阶段，我国农村居民对食品安全普遍拥有认知能力，对安全食品存在普遍需求。东部和中部地区的农村居民对食品安全消费的关注度较高，西部地区偏低，热点城市集中于山东、安徽、浙江、江西、福建、湖南6个省份。从

表 2　热点区域汇总

	高高集聚	高低集聚	低高集聚	低高集聚
农村居民食品安全消费态度	山东、安徽、浙江、江西、福建、湖南	新疆、四川		
农村居民食品安全消费意愿	江苏、安徽、福建		江西	新疆、四川
农村居民食品安全消费行为	江苏、福建	新疆、四川	江西、安徽	

农村居民的食品安全消费意愿来看，各省份农村居民的食品安全消费意愿直观上来看并未形成与食品安全消费态度的空间对应性。食品安全消费意愿较强省份呈现向东部沿海和东北地区转移的态势。从农村居民食品安全消费行为来看，各省份农村居民食品安全消费行为直观上来看并未形成与食品安全消费态度的空间对应性。食品安全消费行为较多省份呈现向东部沿海和东北地区进一步转移的态势。

从这些地理分布现象可看出，消费者食品安全消费态度与消费行为存在一定程度上的差距，受各个因素的综合影响，消费态度未必可以转化为消费行为，我国中部地区各省份的实证分析可以验证此观点。此外，从食品安全消费意愿与食品安全消费行为的地理分布可以看出，两者之间存在一定的空间对应性，但在少量地区仍存在例外情况。据此可猜想，消费意愿较消费态度与消费行为存在更强的因果关系，但受多方面因素的综合影响，可能会产生一定程度的差距。

从以上分析可以得出结论，消费者食品安全态度与食品安全行为存在较大的差距，食品安全消费态度未必可以转化成食品安全消费意愿，而食品安全消费意愿也未必可以转化为食品安全消费行为。从我国现实情况来看，这种态度和行为上的差异主要存在于中部地区，该地区农村居民的食品安全消费态度较西部地区积极，但由于各因素的综合影响，并未如东部地区一样，在此基础上形成食品安全消费行为。以下将对该差距的产生原因和影响因素做进一步的分析研究。

三　农村居民食品安全消费态度——行为差异性影响因素分析

（一）差异分析理论依据

目前广泛使用计划行为理论（Theory of Planned Behavior，TPB）对消费者的消费行为进行分析研究。计划行为理论认为，行为的产生直接取决于行为意向，行为意向是影响行为最直接的因素，而行为意向又反过来受行为态度、主观规范和知觉行为控制的影响。主观规范是指消费者生活中的重要人物如家人、朋友和其他重要的人对其特定消费行为所表现出来的各种期望和评价[9]。而感知行为控制是指个体对于采取某种特定行为难易程度的感知，反映了个体预期从事某行为时的阻碍或促进因素。

计划行为理论主要持以下观点：个人行为意向并非受个人意志完全控制，还受到实际控制条件的影响；个人行为意向主要由行为态度、主观规范和知觉行为控制 3 个因素决定。态度越积极、重要外界因素支持越大、个人知觉行为控制能力越强，行为意向就越强，反之则越弱。个体在决定行为意向时会获取相关的行为信念，这些信念是行为态度、主观规范和知觉行为控制的认知基础。个人的特性以及所处的社会文化环境会通过影响行为信念间接影响行为态度、主观规范和知觉行为控制。计划行为理论的结构模型如图 7 所示。

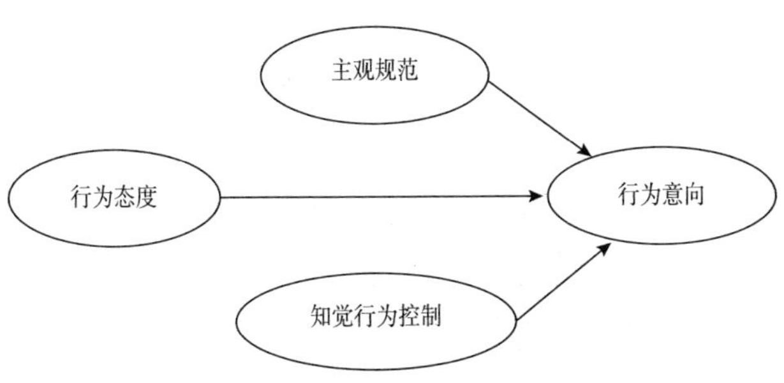

图 7　计划行为理论结构模型

（二）农村居民食品安全消费态度——意愿差异性影响因素分析

1. 基于主观规范角度

在我国农村居民将食品安全消费态度转化为食品安全消费意愿的过程中，主观规范是指农村食品安全消费者个人对于是否购买安全食品所感受到的群体效应以及社会压力。例如，如果某个农村消费者周围的亲戚、朋友、邻居等基于价格等原因对安全食品持怀疑甚至排斥态度，并通过群体效应将这种思想进行传播，那么该农村消费者的食品安全消费态度将很难转变为食品安全消费意愿。

在主观规范分析中，参照群体是一个重要概念。参照群体是指对于消费者而言非常重要，会对消费者的评价、欲望或行为产生影响，而且消费者会拿其与自己做比较的一组社会人群[10]。Ratner，R. K. 等研究表明，他人的出现或成为群体一员，能够改变消费者的消费偏好和行为，或者促使消费者隐藏真实偏好，寻找不同的产品，并不惜以降低个人满意程度为代价[11]。胡保玲指出农村消费者欣赏鉴别商品的能力较低，为了做出有效的购买决策，常从亲朋好友处寻求决策支持[12]。究其原因，农村食品安全消费方式有异于传统的农村食品消费方式，更加注重食品消费品的质量和安全性，将价格因素置于相对次要位置。由于我国农村安全食品消费市场尚处于发展初期，在农村食品流通市场上，安全食品的信息相对匮乏且真实性难以考证，农村食品消费者往往只能通过与参照群体沟通等方式获取相关经验和信息，如向家人、邻居、街坊等进行询问，从而做出相应消费决策。在此过程中，积极的信息将促进消费态度向消费意愿转变，从而推动消费行为，而消极的信息将阻碍消费意愿的形成。

在我国中部农村地区，自然人文以及社会经济发展程度相对落后，具有食品安全消费态度的农村消费者比例较低，并未形成食品安全消费的普遍风气。与此同时，具有食品安全消费态度的农村消费者在进行消费决策时往往会面临诸多困难。一方面，面对安全食品的真实信息匮乏以及虚夸信息泛滥的市场状况，农村食品消费者会选择向家人、朋友、邻居询问，而这部分参照群体往往固守传统的食品消费观念，对安全食品持怀疑甚至抵触情绪，会严重阻碍食品安全消费态度向食品安全消费意愿的转变；另一方面，在农村消费者进行安全食品消费决策时，会预感到来自周围参照群体的压力，周围的家人、朋友等很可能因为价格、习惯等原因对安全食品产生抵触，对安全食品消费者进行责问，这种来自周围人以及社会的压力会对安全食品消费者产生主观规范效应，弱化其安全食品消费意愿。

2. 基于感知行为控制角度

在农村食品安全消费决策中，农村消费者如果感知到对消费行为的促进因素多、阻碍因素少，就易于形成消费意愿，进而采取消费行为，反之则难以形成消费意愿。Lucia Mannetti 等通过对循环使用意向的相关研究发现，知觉行为控制是消费者循环使用意向的最主要影响因素[13]。Chen 利用台湾地区消费者的相关数据验证了计划行为理论在有机食品消费上的应用，研究结果表明消费者对购买有机食品的态度、消费者的主观规范和感知行为控制均对购买意愿产生显著的正向影响[14]。众多学者的研究结果表明，感知行为控制对消费者的消费意愿和消费行为具有显著影响，基于该种影响因素对我国农村居民的食品安全消费进行分析同样适用。

感知行为控制大致可以分为感知效果与感知障碍两个认知变量。就农村食品安全消费而言，感知效果反映的是食品安全消费者对自己实施食品安全消费行为可能出现的效果的预期，如对自身及家人的安全、健康、生活品质的效果认知。但在日常生活中，食品安全只代表一方面的效用，消费者还要基于费用、时间、便利度等各方面因素进行综合考虑，这就极易造成消费者的感知障碍。感知障碍反映的是食品安全消费者对目前实施食品安全消费行为所存在障碍的认知，包括安全食品消费成本过高、安全食品不易获得、安全食品信息匮乏等。基于此种理论，结合我国中部地区的食品安全消费市场现状，可对造成我国农村居民食品安全消费态度和消费意愿差异的原因做如下分析。

第一，农村安全食品功能性不足。

安全食品通常需要消费者支付更高的成本，因此人们往往将支付溢价与功能属性提高两者进行权衡，当功能属性的提高难以补偿支付溢价时，消费者的消费态度就很难转变为消费意愿。Olson 的研究表明，近一半被访者对混合动力汽车有所偏好，但考虑加速性能、安全性能等其他方面属性后，仅有不到一成的被访者仍愿意购买[15]。在不考虑安全食品的功能属性时，持有食品安全消费态度且愿意为安全属性支付溢价的消费者很可能青睐安全食品，但是在进行购买决策时，在充分权衡利弊的情况下，消费者则可能转为购买传统产品。我国中部地区的安全食品流通市场较东部发达地区尚不成熟，在产地、分销、物流配送各方面均未形成高效的结构体系，在此市场背景下往往难以提供高品质的安全食品，其所带来的功能属性也难以补偿消费者的支付溢价，从而造成中部农村地区食品消费者的食品安全消费态度难以向食品安全消费意愿转变的客观现实。

第二，农村安全食品价格过高。

消费者对安全食品的消费过程是在既定的收入和支出约束条件下，如何选择与组合商品以达到效用最大化的行为[16]。Barcellos 等对巴西城市居民的研究表明，他们对猪肉生产系统的态度并没有显著影响其猪肉消费行为，二者之间存在差距，价格则是主要的解释变量，对低收入群体的影响更为显著[17]。尹世久等运用二元选择 Logit 模型对影响消费者购买有机食品意愿的因素进行研究，结果表明消费者的收入状况及价格显著影响消费者对有机食品的购买意愿[18]。我国中部农村地区的社会经济发展程度相对较低，居民收入水平普遍偏低，因此支付成本在农村消费者进行消费决策时依旧占据主导地位，食品安全消费者往往因为安全食品价格过高而放弃购买。

第三，农村安全食品短缺不易获得。

Padel 等研究发现，那些偶尔购买有机食品的消费者只会去定点超市购买产品，倘若未能在定点超市内发现有机食品，则往往会放弃而不会更换卖场积极寻找[19]。持有食品安全消费态度的农村消费者仅为安全食品的潜在顾客，如何促使其产生消费意愿进而向真实顾客转变在很大程度上取决于市场流通条件，即便捷的购买渠道、丰富的产品品种以及良好的购买服务等。然而在我国中部农村地区，安全食品消费市场尚处于初步发展阶段，流通结构体系很不成熟，消费者不容易在主流零售店或者其他分销渠道便利地购买到安全食品，很可能放弃对其的追求。此外，匮乏的产品品种也很难满足消费者的差异化需求，导致消费意愿难以转化为消费行为。

第四，农村安全食品信息匮乏。

消费者的信息搜寻和使用行为是其合理解决问题和做出购买决策的基础。消费者对安全食品的购买意愿的形成过程如下：消费者感知到食品质量安全风险的存在时，会寻求减少风险的方法以降低消费行为结果的不确定性。在此过程中，搜寻更多质量安全方面的信息是最有效和最普遍的方法。消费者结合搜寻到的外部信息以及自己的购买经验和知识，对市场上的各种食品进行综合评价，并对不同市场的食品质量安全状况形成自己的认知。周应恒等认为，食品具有经验品的性质，消费者对质量安全信息的关注程度与其购买意愿有正向关系[20]。刘根采用二元选择 Logit 模型对影响消费者对有机食品的购买意愿的因素进行研究，结果表明对有机食品的了解显著影响其购买意愿[21]。在我国中部农村地区，无论是政府部门、事业单位还是大众媒体，对安全食品的信息普及及传播力度均不足，安全食品流通市场尚处于信息不对称状况，持有食品安全消费态度的农村消费者，很难在市场上找到可靠信息以将其消费态度转变为消费意愿。

（三）农村居民食品安全消费意愿——行为差异性影响因素分析

当消费者的消费态度转变为消费意愿后，便进入消费意愿向实际消费行为转变的阶段。但在现实生活中，并非所有的消费意愿都会转变为现实的消费行为。尽管理性行为理论和计划行为理论表明，意愿对行为具有良好的解释作用，但上述两个理论往往忽视了消费环境起到的重要作用[22]。消费环境泛指影响居民消费的外部因素，它既包括消费市场基础设施（硬件环境），也包括消费者固有的消费习惯、消费者保障体系以及其他相关制度建设等（软件环境）[23]。

1. 安全食品消费基础设施建设

农村基础设施是农村消费环境的重要组成部分，落后的农村基础设施会直接限制农村居民的消费需求[24]。郝爱民通过建立 Logistic 模型对河南家电下乡政策对农户家电消费的影响进行分析，结果表明，消费环境对农户的家电消费意愿有重要影响，连锁经营部门及便利的交通促进了农户的家电消费[25]。刘伦武以我国 30 个省份的面板数据为基础，研究得出农村基础设施发展对农村消费增长具有正向促进作用[26]。我国中部地区社会经济发展尚不充分，政府相关政策投资往往集中于城市地区，城乡发展差距较大，农村地区的基础设施建设相对落后。作为新兴的安全食品市场，更加难以保证相关配套基础设施的充分建设，在零售店铺、分销渠道、物流配送等各个方面均存在较大的提升空间。

2. 农村消费者固有的消费习惯

习惯形成理论认为消费者当期的效用不仅取决于当期消费，过去的习惯存量对当期效用也会产生影响，偏好在时间上不可分。齐福全和王志伟研究了北京市农村居民的消费行为，结果表明北京市农村居民家庭的人均生活消费总支出、食品消费支出以及衣着消费支出均存在习惯形成[27]。众多学者的研究结果表明，生活中人们并非在所有情形下都追求效用最大化，很多情形下只要达到满意水平，人们将重复选择，形成消费习惯，并且该习惯在无外界有力刺激的情况下将在较长时间内持续保持。在我国中部农村地区，居民受教育程度大多处于中等水平，多数消费者对安全食品仅处于了解阶段，低程度的安全食品认知水平不足以促使其打破原有消费习惯，向新型消费行为转变。与此同时，中部农村地区缺少鼓励、倡导食品安全消费的社会大环境，整体社会风气、消费价值观、价值取向相对陈旧，社会普遍固有的传统消费习惯阻碍食品安全消费意愿向食品安全消费行为转变。

3. 政府监管认证力度及相关政策制度

政府监管认证的实施会对规范市场整体运作、保护消费者合法权益起到宏观调控的重要作用，而政府相关消费政策制度的推行将把握消费者的整体消费倾向，对其消费行为进行健康引导，两者相互结合，对消费者的实际消费行为起到至关重要的作用。Slavin 等的研究发现，激励政策对于能源节约行为只有短期的效应，而命令控制政策（也称为行政法规政策）的影响通常很大，因为法规政策能够很快改变个人和组织的行为[28]。因此，缺乏适当的法规政策，也会造成消费意愿与行为的差距。在我国中部农村地区，安全食品消费市场无论是在市场监管还是政策制度方面都尚不成熟，并未形成完善的市场运作体系。一方面，市场缺少适当政策制度作为外在有力刺激，未能对农村消费者的食品安全消费行为做出恰当引导；另一方面，市场监管认证鱼龙混杂，缺少可以让消费者信任的有社会公信力的认证部门。农村安全食品消费者在将消费意愿向实际消费行为转变的过程中，难以把握消费方向、获得消费保障，严重阻碍真实安全食品消费行为的发生。

四 结论与相关政策建议

本文在空间地理分析的基础上，采用空间相关性检验的全局 Moran 指数与局部 Moran 自相关指数，对农村居民的食品安全消费行为进行深入分析。研究结果表明，在我国中部农村地区，农村居民的食品安全消费态度与食品安全消费意愿和消费行为存在明显的差异，现实表现为：食品安全消费态度在很大程度上未能转化为食品安全消费意愿，与此同时，食品安全消费意愿在一定程度上未能转化为真实的食品安全消费行为。通过研究总结得出，影响消费态度向消费意愿转变的因素主要有消费者的主观规范以及感知行为控制；影响消费意愿向消费行为转变的因素主要有消费者固有的消费传统、农村食品消费市场基础设施建设和政府监管认证力度及相关政策制度。

通过上述研究分析提出相关政策建议，具体如下。

第一，充分发挥大众媒体的传播效应，加强对安全食品的正面报道和宣传，提高消费者对安全食品的认知度，增加消费者的购买经历和消费经验，打破消费者固有的传统消费习惯，培养消费理念，逐步形成消费者对安全食品的积极态度，形成食品安全消费的社会氛围。

第二，以消费者的切实需求为基准，加大技术投入，力求最高水平的顾客满意度。政府加以政策扶植，逐步形成安全食品的产业规模经济，不断增加安全食品的产量，在保障产业收益的前提下尽可能降低安全食品的价格。扩展和延伸安全食品的销售网络，构建城乡立体销售网络，提高消费者购买安全食品的便利性。

第三，逐步健全农村食品安全流通市场体系，加强农村食品安全流通市场基础设施建设，从零售店铺、分销渠道、物流配送、售后服务等各个方面进行全面提升，旨在为消费者提供更好的安全食品消费体验，促使其实际消费行为的发生，增加其购买次数。

第四，政府有关部门要加强对食品的检验检测，增强政府机构在食品安全监管方面的权威性，调整和改革现有食品安全监管体制，逐步合并和规范各种食品安全认证，完善和提高技术标准，建立和健全安全食品的检验检测体系，保障食品质量安全，减少消费者的疑虑。

本文对我国中部农村居民的食品安全态度、意愿和行为差异的影响因素的相关分析是基于文献总结和主观推理进行的，一方面可能受到主观因素的干扰，另一方面受制于现有研究成果的局限性，可能无法最大限度地挖掘所有相关影响因素，这是本文的不足之处。如何最大范围地进行实证研究，确定相关影响因素，并进行定性和定量两方面的理论分析，是应继续思考之处。

参考文献

[1] 邱重植、杨燚：《基于食品安全的消费行为分析》，《消费导论》2007 年第 12 期。

[2] 李新生：《食品安全与中国安全食品的发展现状》，《中国农垦经济》2003 年第 8 期。

[3] 周应恒、彭晓佳：《江苏省城市消费者对食品安全支付意愿的实证研究——以低残留青菜为例》，《经济学》（季刊）2006 年第 4 期。

[4] 何德华、周德翼、王蓓：《对武汉市民无公害蔬菜消费行为的研究》，《统计与决策》（理论版）2007 年第 6 期。

[5] 罗丞：《消费者对安全食品支付意愿的影响因素分析——基于计划行为理论框架》，《中国农村观察》2010 年第 1 期。

[6] 钟甫宁、易小兰：《消费者对食品安全的关注程度与购买行为的差异分析——以南京市蔬菜市场为例》，《南京农业大学学报》（社会科学版）2010 年第 2 期。

[7] Resano-Ezcary, H. , Ana Isabelsanjua'n-Lo'pezand Luis Miguel A-bisu-Aguado, "Combining Stated and Revealed Preferenees on Typical Food Products: The Case of Dry-Cured Hamin Spain," *Journal of Agricultural Eeonomies*, 2010, 61 (3): 480 - 498.

[8] 靳明、赵昶：《绿色农产品消费意愿和消费行为分析》，《中国农村经济》2008 年第 5 期。

[9] 陈凯、彭茜：《参照群体对绿色消费态度—行为差距的影响分析》，《中国人口·资源与环境》2014 年第 5 期。

[10] 陈凯、赵占波：《绿色消费态度—行为差距的二阶段分析及研究展望》，《经济与管理》2015 年第 1 期。

[11] Ratner, R. K., Kahn, B. K., "The Impact of Private Versus Public Consumption Variety - seeking Behavior," *Journal of Consumer Research*, 2002, 29 (2): 246 - 257.

[12] 胡保玲：《参照群体影响、主观规范与农村居民消费意愿》，《区域经济》2014 年第 6 期。

[13] Lucia Mannetti, Antonio Pierro, Stefano Livi, "Recycling: Planned and self - expressive Behaviour," *Journal of Environmental Psychology*, 2004, 3 (24): 227 - 236.

[14] Mei Fang - Chen, "Consumer Attitudes and Purchase Intentions in Relation to Organic Food in Taiwan: Moderating Effects of Food - related Personality Traits," *Food Quality and Preference*, 2007, 18, 1008 - 1021.

[15] Olson, E. L., "It's Not Easy Being Green: The Effects of Attribute Tradeoffs on Green Preference and Choice," *Journal of the Academy of Marketing Science*, 2013, 41 (2): 171 - 184.

[16] 王慧敏、乔娟、宁攸凉：《消费者对安全食品购买意愿的影响因素分析——基于北京市城镇消费者"绿色食品"认证猪肉消费行为的实证分析》，《食品安全》2012 年第 6 期。

[17] Barcellos, M. D., Krystallis, A., Saab, M. S., et al., "Investigating the Gap between Citizens' Sustainability Attitudesand Food Purchasing Behaviour: Empirical Evidencefrom Brazilian Pork Consumers," *InternationalJournal of Consumer Studies*, 2011, 35 (4): 391 - 402.

[18] 尹世久、徐迎军、陈默：《消费者有机食品购买决策行为与影响因素研究》，《中国人口资源与环境》2013 年第 7 期。

[19] Padel, S., Foster, C., "Exploring the Gap between Attitudes and Behaviour: Understanding Why Consumers Buy or Do Not Buy Organic Food," *British Food Journal*, 2005, 107 (8): 606 - 625

[20] 周应恒、王晓晴、耿献辉：《消费者对加贴信息可追溯标签牛肉的购买行为分析——基于上海市家乐福超市的调查》，《中国农村经济》2008 年第 5 期。

[21] 刘根：《有机食品消费意愿影响因素的实证研究——以茂名为例》，《上海商学院学报》2013 年第 10 期。

[22] 耿晔强：《消费环境对我国农村居民消费影响的实证分析》，《统计研究》2012 年第 11 期。

[23] 崔海燕：《习惯形成与中国城乡居民消费行为》，山西财经大学学位论文，2012。

[24] 杨琦：《农村基础设施建设对农村居民消费的影响研究》，西南财经大学学位论文，2011。

[25] 郝爱民：《家电下乡与农户家电消费决定因素的实证分析》，《统计观察》2010 年第 9 期。

[26] 刘伦武：《农村基础设施发展与农村消费增长的相互关系——一个省际面板数据的实证分析》，《江西财经大学学报》2010 年第 1 期。

[27] 齐福全、王志伟：《北京市农村居民消费习惯实证分析》，《中国农村经济》2007 年第 7 期。

[28] Slavin, R. E., Wodanski, J. S., Blackburn, B. L., "A Group Contingency for Electricity Conservation in Master - metered Apartments," *Journal of Applied Behvior Analysis*, 1981, 14 (3): 357 - 363.

家庭食品处理风险行为特征与食源性疾病相关性研究[*]

陆　姣　吴林海[**]

摘　要： 本文借鉴国内外研究成果，结合中国实际界定了引发食源性疾病的家庭食品处理风险行为，并基于10个省份2163户家庭的横断面抽样调查数据，以实践理论为指导，运用因子分析和聚类分析方法，实证测度家庭食品处理风险行为特征。以食源性腹泻为研究病例，利用有序多分类Logit回归模型分析了家庭食品处理风险行为特征与食源性疾病之间的关系，确定家庭食品处理的关键风险行为特征与人群特征。结果表明，对食品处理安全行为而言，家庭食品处理风险行为特征主要为食品运输、食品冷藏与剩菜处理不当，厨房清洁用品交叉污染，生熟食品交叉污染，清洁卫生风险，烹调不彻底等，而且生熟食品交叉污染与剩菜处理不当是引发家庭食源性腹泻的最主要风险行为特征，男性、已婚、年龄较大、家庭人口数较少、受教育程度和职业稳定度较低、个人和家庭年收入水平较低的人群尤其如此。家庭是预防食源性疾病的最后一道防线，政府应致力于与消费者进行风险沟通，提升消费者的责任认知，采用差异化策略改善风险消费者的家庭食品处理习惯，实施抗击食源性疾病战略。

关键词： 食品处理风险行为特征　食源性疾病　家庭　实践理论

---

*　国家社科基金重大招标项目“食品安全风险社会共治”（项目编号：14ZDA069）、江苏省社科基地项目“江苏‘应对人口老龄化行动’与中老年生命质量改善研究”。

**　陆姣（1962～　），女，山西运城人，江苏省食品安全研究基地博士后，研究方向为食品安全管理与公共卫生；吴林海（1962～　），男，江苏无锡人，江苏省食品安全研究基地首席专家，江南大学商学院教授、博士生导师，研究方向为食品安全与农业经济管理。

一　引言

食源性疾病（Foodborne Disease，FBD）是困扰世界各国的共同难题，全世界范围内消费者普遍面临不同程度的食源性疾病风险。据世界卫生组织（World Health Organization，WHO）估计，全球每年食源性和水源性腹泻就导致约 220 万人死亡[1]。WHO 发布的全球食源性疾病负担估计报告表明，在所调查的涵盖 31 种病原的 32 种食源性疾病中，2010 年全球食源性疾病涉及人口约 6 亿人次，死亡 42 万人，伤残调整生命年（Disability Adjusted Life Years，DALYs）达 3300 万年，其中发生最频繁且致死率最高的为食源性腹泻，死亡 23 万人，伤残调整生命年达 1800 万年①。美国监测的 9 种食源性病原每年约造成 4800 万人次发病，12.8 万人次住院接受治疗，并约有 3000 人因此死亡，经济损失为 6.5 亿 ~350 亿美元②。而我国的情况更加严峻，有关文献与统计数据显示，自 1985 年以来，国家卫生部门每年收到食物中毒报告为 600 ~800 起，发病 2 万 ~3 万例，死亡 100 余例[2~3]。实际上，典型的食源性疾病以胃肠道症状为主，症状轻微且呈散发式、不易被察觉、很难被精确估计[4~5]，发达国家漏报率为 90% 以上，发展中国家则在 95% 以上[6~7]。2011 年和 2012 年原国家卫生部分别入户调查了 6 个省份 39686 人次和 9 个省份 52204 人次的食源性急性肠胃炎状况，推算出中国每年有 2 亿 ~3 亿人次发生食源性疾病的参考性数据，其消耗的医疗和社会资源难以估计[7~8]。

食源性疾病发生于“农田到餐桌”各个环节[9~10]，家庭食品消费作为其中的最后一环，是一个主要依靠消费者自身防范疾病的环节，也是防控食源性疾病的最后关键环节[11~12]。然而，非常遗憾的是，消费者通常低估了食源性疾病在家庭发生的频率和严重性后果，进而忽略了在家庭环节

① 全球估计中，31 种食源性病原危害包括 11 种食源性腹泻病原（1 种病毒、7 种细菌以及 3 种原生动物）、7 种感染性病原（1 种病毒、5 种细菌以及 1 种原生动物）、10 种寄生虫与 3 种化学性物质。

② 美国疾病预防与控制中心（Centers for Disease Control and Prevention），http：//www. cdc. gov/。

中防范食源性疾病的责任[13]。消费者普遍存在的“认知匮乏”与“乐观偏见”使其在家庭食品处理中经常表现出许多不当行为[14~15]，导致了食源性疾病的发生。Redmond 和 Griffith[16]对欧洲、北美洲以及澳大利亚和新西兰的流行病学研究发现，家庭环节产生的食源性疾病中，87%都可归因于不规范的食品处理行为。国家卫生计生委办公厅发布的2010~2014年全国食物中毒事件的通报数据显示，家庭是我国食物中毒报告数和死亡人数占比最高的场所，分别占报告总数和死亡总数的50%与80%左右①。而且相关研究显示，我国30%~40%的家庭食物中毒是由不规范的食品处理行为引起的[17]，致死率甚至高达70%[18]。

家庭食品处理不当行为已成为引发食源性疾病的关键风险因素[17,19,20]，并且将可能成为21世纪全球尤其是发展中国家重要的健康战略问题[21]。为此，众多国际组织与发达国家已开始实施相应的国家战略以减少食源性疾病。国际家庭卫生科学论坛（International Scientific Forum on Home Hygiene，IFH）将一种基于危害分析与关键控制点的方法——卫生定向（Targeted Hygiene）确定为家庭防范食源性疾病风险的主要方法[22]。美国也已发起抗击细菌战略，旨在多部门进行战略合作以明确家庭食品安全风险，提高公众风险认知与抗击食源性疾病的能力②。对于食品消费居家庭支出首要位置的我国而言，上述工作缺失却表现得尤为明显③。因此，以家庭食品处理风险行为为切入点，以家庭食源性疾病为研究视角，精准辨识关键风险行为特征，定位关键风险人群，在我国卓有成效地防控家庭食源性疾病风险、保障家庭健康，对实施“健康中国”战略具有重要意义。

二　文献综述

家庭食源性疾病以由病原微生物引发的食源性腹泻为主，临床症状特

① http：//www. nhfpc. gov. cn/mohwsbwstjxxzx/index. shtml.

② http：//www. fightbac. org/.

③ 国家统计局的统计数据显示：2012年，中国城镇居民家庭人均食品消费支出为6040.9元，家庭人均消费支出为16674.3元；农村居民家庭人均食品消费支出为2323.9元，家庭人均消费支出为5908.0元。

征明显且发病频繁，发病率与致死率均较高[3,23~24]。微生物具有黏附在物体表面的特性，当物体表面环境潮湿并有营养物质存在时，其就会在适宜的温度下繁殖形成菌膜[25]。一旦病原微生物随受污染食品或被感染机体进入家庭环境，就会在不断接触中相互传播，污染食品并大量繁殖[26~27]，最后进入人体，黏附并定居于人体的肠道组织[28]，侵入肠黏膜引发侵袭性腹泻或产生肠毒素引发分泌性腹泻，尤其当机体免疫力较弱或入侵的病原菌毒性较强、数量较多时，造成机体显性感染并引发细菌性食源性腹泻的概率则更高[29]。

参照食源性疾病的内涵分析，食品是病原体进入人体与引发食源性疾病的重要媒介，因而家庭食品安全风险成为引发家庭食源性疾病的主要风险，包括储存不当、交叉污染、烹调不彻底和食品原料安全风险等[30~33]。Alsayeqh[34]对阿拉伯消费者的研究发现，45.28%的家庭食源性疾病由储存不当引起，35.47%由烹调不彻底引起，32.23%由交叉污染引起，22.39%由食品原料安全风险引起。Smerdon 等[35]对英格兰和威尔士消费者的研究也得出了类似的结论。但学术界普遍认为，储存不当、烹调不彻底所带来的风险远低于交叉污染所带来的风险[32,36~38]。WHO 对全球 1999~2000 年的研究表明，交叉污染引发的家庭食源性疾病占比为 32%[30]。de Jong 等[36]和 van Asselt 等[39]的研究发现，交叉污染引发食源性疾病的风险占所有已认知风险的 40%~60%。

作为社会的主体，以消费者构成的每个家庭集合都在日常生活中不断践行其行为习惯，并对自身健康产生不同的影响[40]，而表现到家庭食源性疾病中，就是导致病原微生物传播繁殖、产生家庭食品安全风险的家庭食品处理行为，即家庭食品处理中的清洁、隔离、烹调和冷藏行为[16,41~42]。

鉴于交叉污染的高风险性，“清洁”与“隔离”一直被认为是防范家庭食源性疾病的优先手段。其中，“清洁”是减少家庭环境中病原微生物数量并阻断其传播的关键，尤其是生熟食品处理过程中的手部、案板和刀具的清洁[39,43~46]。Chen 等[43]将产气肠杆菌作为指示菌研究鸡肉沙拉准备过程中受污染鸡肉中的病原微生物在手部、厨房器具表面和未污染蔬菜中的病原转移率发现，手部、案板、刀具的清洁对病原转移有显著的抑制作用。Kohl 等[47]通过 115 例案例研究发现，手部清洗方式与沙门氏菌引发的食源性疾病间呈现显著的相关性。与清洁水的温度相比，更重要的是肥皂等清洁剂的使用，且清洗时间至少要有 20 秒[48]。de Jong 等[36]对鸡肉沙拉制备过程中食品、手部、案板、刀具中的沙门氏菌转移率的研究发现，手部清洁对减少病原交叉污染的作用有限，最有效的措施是对刀具、案板进行清洁，至少应用 68℃热水对刀具、案板清洗 10 秒。同时，Kusumaningrum 等[25]的研究认为，由于湿润的表面环境在病原微生物生长繁殖中具有重要作用，家庭中经常与食品产生直接和间接接触的水槽、海绵、抹布和餐具等的清洁同样关键。但是 Whitehead 等[45]的研究表明，只要物体表面有些微的污染物残留，病原微生物就会依照食品所含的营养成分与 pH 酸碱度发生转移，案板、刀具中的这种转移率甚至可超过 50%[49~50]。因此，有学者认为，“隔离”是防止病原微生物传播的最有效办法，除了案板和刀具使用中的生熟食品分开外（一套案板和刀具用于生鲜食品，另一套用于熟食食品的“专板专用、专刀专用”）[51~53]，也包括食品储存的生熟分开以及餐具使用的生熟分开[54~55]。

源于现代冷藏、冷冻技术的快速发展[56]以及健康饮食文化中生鲜食品的重要地位[57]，“冷藏”与“烹调”在食源性疾病防范中的作用逐渐受到人们的关注。温度、时间是微生物生长繁殖的必要条件，因此合理温度与时间的“冷藏”是抑制病原微生物生长繁殖、保障食品质量安全的关键，主要包括生鲜、冷冻海鲜与肉类运输回家后的冰箱冷藏、剩菜的冰箱冷藏以及食品烹调前的冷冻肉类解冻等[32]。WHO 建议各种肉类、海鲜与剩菜在室温内放置不应超过 2 小时，0~5℃下不应超过 3 天，而 -18℃以下不应超过 3 个月[19,58]。而在肉类解冻中，与冷藏解冻与微波解冻相比，室温解冻被认为是加速微生物生长繁殖的关键风险点[59~61]。另外，依照 IFH 所提出的“卫生定向”风险关键点识别与控制的办法，引发家庭食源性疾病的食品安全风险由家庭病原微生物来源开始，到病原发生感染为止。同时，鉴于食品原料安全风险在引发家庭食源性疾病中的重要作用，生鲜或冷冻海鲜与肉类从购买后到运输回家途中的“冷藏”已逐渐成为学者关注的重点之一，生鲜或冷冻食品应当单独包装，使用冰袋运输，并在购买后 2 小时内运输到家立即冷藏或冷冻[12,34,60]。除此以外，现有研究也表明，除了生食未清洗完全的果蔬的影响，许多食源性疾病由消费者食用了未烹调彻底的肉类引发[33,62]，因此“烹调”是减少病原微生物数量、降低病原菌毒性、防范家庭食源性疾病的最终关键点。

家庭食品处理风险行为是引发食源性疾病的主要原因。而实践理论认为，行为习惯是外在结构内化的结果，源于消费者早期的社会化经历，与其个体特征与家庭特征（如职业、性别、种族、年龄、受教育程度、收入水平与家庭人口数）等状况相关[63]。具有不同个体特征和家庭特征的消费者是资本（如受教育程度）的承载者，并基于其生成轨迹内化为自身的行为习惯。现有研究也表明，消费者的个体特征和家庭特征与食品处理行为交互相关并最终影响家庭食源性疾病的发生[64]。Andrea 等[41]对 2005 年 11 月至 2006 年 3 月随机选取的 2332 个加拿大滑铁卢居民的家庭食源性疾病研究发现，高风险食品处理行为在消费者中十分普遍，尤其是男性、中老年人和农村居民。Ali[65]对新西兰消费者的研究发现，性别、年龄、受教育程度、收入水平、职业稳定度和种族等均显著影响消费者家庭的食品处理行为。Yang 等[66]对美国消费者的研究发现，高风险行为在男性中更普遍，且随年龄、受教育程度与收入水平的升高而升高。巩顺龙等[60]和白丽（2014）[61]对中国消费者的调查发现，收入水平和受教育程度低的消费者是家庭食品处理高风险人群。Arzu[67]对土耳其消费者的研究发现，随受教育程度的提高，消费者的食品处理行为规范性显著增强。Kennedy 等[37]发现消费者食品处理行为的规范性与年龄显著正相关。

综上所述，目前国内外学者就引发食源性疾病的家庭食品处理风险行为展开的相关研究对本文研究具有重要的借鉴意义，但仍存在明显的不足。第一，现有研究较多地关注家庭食品处理风险行为与食源性致病菌传播风险的相关性[11,68]，而较少关注家庭食品处理风险行为与食源性疾病的相关性[69]；第二，现有文献中的研究方法以流行病学调查为主，鲜有将理论与定量工具相结合对家庭食源性疾病发生的风险因素进行研究的文献；第三，以中国消费者为案例的研究极少，家庭食品处理行为习惯与文化环境息息相关[70]，与消费者的科学素养、收入水平、自身的价值观高度相关[71]。对中国家庭食品处理行为与食源性疾病的相关性展开研究，对转型中的中国实施“健康中国”战略具有重要价值。因此，本研究基于前人的研究成果，以社会实践理论为指导，研究家庭食品处理风险行为特征与食源性疾病的相互关系，实证测度引发食源性疾病的家庭食品处理的现实行为，同时运用有序 Logit 回归更科学地探究引发食源性疾病的不同家庭食品处理风险行为特征与家庭人群特征，为中国的家庭食源性疾病防控提供决策参考。

三 调查与统计性分析

（一）调查设计

国际上多采用直接的行为观察、摄像录影观察、问卷调查、微生物检测或几者结合的方法研究家庭食品处理行为，虽然上述方法都是重复性高且平行性可信的有效办法，但问卷调查是在短时间内获取大量人群变量信息的最高效方法[72]。本研究选取江苏、福建、河南、吉林、四川、山东、内蒙古、江西、湖南和湖北 10 个省份为抽样区域，并于上述每个省份中分别随机抽取 2 个县区作为调查点。这 10 个省份分别是中国东北、东部、中部、中南部与西部地区的典型省份，经济发展水平具有差异性，居民生活习惯和消费文化也各有不同，以这 10 个省份消费者的调查数据来大致刻画中国家庭食品处理风险行为特征较为合适。对这 10 个省份的调查，均由经过训练的调查员通过面对面直接访谈的方式进行，调查对象为家庭中的主要烹调者。此次调查在上述每个省份等量发放问卷 2200 份，有效问卷总数为 2163 份，问卷有效率为 98.32%。调查于 2015 年 7 ~8 月完成。

（二）受访者的统计特征

表 1 描述了受访者的基本统计特征。在受访者中，女性占 50.16%，与男性人数相当；已婚受访者占大多数，比例达 60.43%；职业分布上以“自由职业者及其他”为主，占样本总量的 54.46%；年龄分布上以“25 岁及以下”和“26 ~45 岁”两个年龄段为主，分别占样本总量的 35.83% 和 44.66%。与此同时，受访者在家庭人口数、受教育程度和个人年收入

上分别以“3 人”、“大专和本科”和“10000 元及以下”为主，分别占样本总量的 43.78%、59.04% 和 41.15%。此外，受访者的家庭年收入分布均匀，家中有 18 岁及以下小孩的受访者占比达 48.13%。

表 1 受访者的基本统计特征

变量	分类	频数	有效比例（%）
性别	女	1085	50.16
	男	1078	49.84
婚姻状况	未婚	856	39.57
	已婚	1307	60.43
受教育程度	高中及以下	770	35.60
	大专和本科	1277	59.04
	研究生及以上	116	5.36
职业	公务员与事业单位职员	477	22.05
	企业员工	508	23.49
	自由职业者及其他	1178	54.46
年龄段	25 岁及以下	775	35.83
	26～45 岁	966	44.66
	46 岁及以上	422	19.51
家庭人口数	1～2 人	129	5.96
	3 人	947	43.78
	4 人	591	27.32
	5 人及以上	496	22.94
家中是否有 18 岁及以下小孩	是	1041	48.13
	否	1122	51.87
个人年收入	10000 元及以下	890	41.15
	10001～29999 元	595	27.51
	30000～49999 元	326	15.07
	50000 元及以上	352	16.27
家庭年收入	50000 元及以下	593	27.42
	50001～79999 元	557	25.75
	80000～99999 元	500	23.12
	100000 元及以上	513	23.71

四 实证分析

（一）家庭食品处理风险行为的结构维度

本研究基于前人研究成果与中国家庭食品处理行为的现实情境，研究家庭食品购买后的运输、储存、解冻、准备、烹调和剩菜处理6个环节中引发食源性疾病的家庭食品处理风险行为（如图1所示），并运用SPSS 22.0软件对调研结果进行分析。

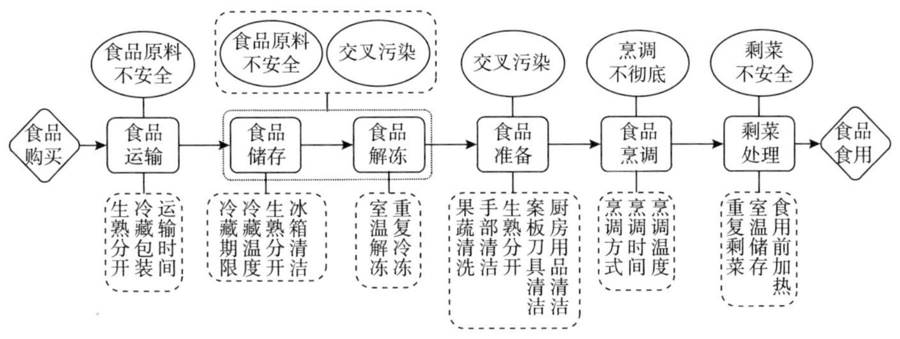

图1 引发食源性疾病的家庭食品处理风险行为

引发食源性疾病的家庭食品处理风险行为的因子负荷量结果见表2。采用主成分分析法共提取11个因子，Kaiser－Meyer－Olkin（KMO）值为0.621，Bartlett's球形检验显著性水平为0.000，所提取因子的变异量解释率为73.81%。根据所提取问题的含义，11个因子分别如下。食品运输因子，包含消费者在购买冷藏、冷冻食品后回家途中的包装与运输时间方面的风险行为；冰箱冷藏因子，包含消费者在生鲜、冷冻食品的储存期限与温度方面的风险行为；冰箱储存因子，包含消费者在冰箱储存中的生熟食品分开以及冰箱内部清洁方面的风险行为；食品解冻因子，包含消费者在冷冻食品解冻与再次冷冻方面的风险行为；生熟分开因子，包含消费者在生熟食品准备过程中的案板、刀具和餐具使用方面的风险行为；刀具、案板清洁因子，包含消费者在食品准备过程中刀具和案板使用前后的清洁方面的风险行为；手部清洁因子，包含消费者在洗手节点和洗手方式方面的风险行为；果蔬清洗因子，包含消费者在果蔬清洗方式方面的风险行为；厨房用品清洁因子，包含消费者在厨房清洁中所使用的水槽、抹布和海绵清洗方面的风险行为；食品烹调因子，包含消费者在食品烹调中的烹调方式、时间和温度等方面的风险行为；剩菜处理因子，包含消费者在食用剩菜剩饭前后的储存、加热等方面的风险行为。

（二）家庭食品处理风险行为的分类维度

基于因子分析的结果，对样本进行 Z－scores 标准化处理以消除量纲差异，利用 K－Means 聚类方法分类描绘家庭食品处理中引发食源性疾病的风险行为特征。K－Means 聚类为基于划分的聚类算法，不受先验经验的局限，通过不断迭代进行聚类，直至达到最优解，尤其适用于大规模数据的样本聚类[73]。

模型经过 22 次迭代，K－Means 聚类的最终结果如表 3 所示。基于家庭食品处理行为将消费者聚为 8 类，其中 7 类消费者具有不同的风险行为特征，而第 8 类消费者具有行为安全的特征。第 1 类消费者约占 12.25%，具有在购买冷藏、冷冻食品后的回家途中，运输包装不到位、时间过长的行为，易导致所购买食品的腐败变质，产生食品原料安全风险，此类行为特征可以称为食品运输不当类；第 2 类消费者约占 19.33%，具有在储存生鲜与冷冻食品的过程中，冷藏温度过高、期限过长，并在室温下解冻或采用冷热水解冻的行为，使食品原料中微生物繁殖概率增大，易产生食品原料安全风险，此类行为特征可以称为食品冷藏不当类；第 3 类消费者约占 14.61%，具有对海绵、抹布和水槽等厨房用品清洗不及时的行为，在家庭食品处理中易产生交叉污染的风险，此类行为特征可以称为厨房清洁用品交叉污染类；第 4 类消费者约占 7.63%，具有明显的生熟食品不分的行为，尤其是食品准备中的生熟不分，具有较高的交叉污染风险，此类行为特征者可以称为生熟食品交叉污染类；第 5 类消费者约占 9.15%，具有在食品处理中刀具、案板及手部的清洗不及时、清洁方式不当的行为特征，在与食品的接触中易导致食品的交叉污染，称为清洁卫生风险类；第 6 类消费者约占 13.55%，具有在食品烹饪中加热温度和时间不足、加热方式不当的行为特征，易产生烹调不彻底的风险，此类行为特征可以称为烹调

表 2　家庭食品处理风险行为的因子载荷矩阵

问题/因素	食品运输因子	冰箱冷藏因子	冰箱储存因子	食品解冻因子	生熟分开因子	刀具、案板清洁因子	手部清洁因子	果蔬清洗因子	厨房用品清洁因子	食品烹调因子	剩菜处理因子
冷藏或冷冻食品在购买后超过 2 小时运送回家	0.891	-0.066	0.028	-0.005	0.046	-0.005	0.018	-0.043	-0.013	0.036	0.014
回家途中将生鲜食品与熟食放在同一个购物袋中	0.581	0.079	0.066	-0.072	-0.127	-0.058	-0.087	0.026	0.029	-0.133	-0.029
冷藏或冷冻食品装在普通购物袋内运送回家	0.830	0.013	0.004	0.031	0.035	0.073	0.045	-0.010	-0.031	0.048	-0.020
生肉、鸡蛋、熟食和切开的水果在室温下存放超过 2 小时	0.000	0.927	0.031	-0.034	-0.025	-0.029	0.051	0.028	0.001	-0.011	-0.069
冰箱冷藏室超过 4℃或冷冻室超过 -20℃	0.043	0.666	0.026	-0.662	-0.051	0.006	0.008	-0.024	-0.017	0.009	-0.030
生鲜食品（海鲜或肉类）冰箱冷藏超过 3 天或冷冻超过 3 个月	0.021	0.939	0.021	0.247	-0.002	0.010	0.014	0.012	-0.001	0.010	-0.041
剩饭剩菜不会立即放入冰箱储存	0.004	-0.054	-0.023	0.021	0.005	0.046	-0.030	0.062	0.099	-0.213	0.797
剩饭剩菜一次吃不完会连续食用	-0.051	-0.027	-0.017	0.006	0.042	0.046	-0.008	-0.021	-0.017	0.487	0.793
剩饭剩菜食用前不会加热至沸	-0.014	-0.048	-0.018	0.006	0.027	0.029	-0.038	-0.019	-0.002	-0.140	0.914
冷冻食品（海鲜或肉类）室温或冷热水解冻	0.017	0.200	0.039	0.804	0.055	0.065	-0.033	0.013	0.039	0.000	0.056
冷冻食品（海鲜或肉类）解冻后吃不完再次冷冻	-0.054	-0.022	-0.035	0.892	0.059	-0.014	0.023	0.083	0.005	0.016	-0.035
生食（生肉、生海鲜或生鸡蛋）和熟食（或即食食用的蔬菜、水果）处理过程中使用同一套案板或刀具	-0.025	-0.042	0.041	0.133	0.856	0.092	0.067	0.029	0.126	-0.024	0.102
放过生食（生肉、生海鲜或生鸡蛋）的厨具会用来盛放熟食（或即食食用的蔬菜、水果）	-0.026	0.000	0.097	0.004	0.850	-0.075	0.062	0.174	-0.045	-0.001	-0.045
不会每次使用前/后都对刀具、案板进行清洁	-0.004	-0.031	0.009	0.060	0.013	0.917	-0.038	-0.008	0.073	-0.039	0.103

续表

问题/因素	食品运输因子	冰箱冷藏因子	冰箱储存因子	食品解冻因子	生熟分开因子	刀具、案板清洁因子	手部清洁因子	果蔬清洗因子	厨房用品清洁因子	食品烹调因子	剩菜处理因子
使用前/后只用冷水清洗刀具、案板	0.012	0.016	0.048	-0.015	0.002	0.880	0.033	0.205	0.017	-0.010	-0.007
果蔬清洗中不浸泡，只进行简单冲洗	0.005	0.028	0.016	0.072	0.110	0.186	0.105	0.832	0.141	-0.030	0.018
新鲜蔬菜、水果不会用流动水仔细冲洗	-0.027	0.003	-0.029	0.038	0.091	0.018	0.043	0.899	-0.025	0.020	0.014
不用肥皂等清洁剂洗手，且每次洗手少于 20 秒	-0.006	-0.015	-0.028	0.052	0.114	0.119	0.765	-0.130	0.057	0.008	0.154
处理完生肉或海鲜，再处理熟食之前不会洗手	-0.005	0.038	0.079	-0.032	0.026	0.030	0.819	0.121	-0.040	-0.045	-0.076
食品处理过程中双手接触其他物体后再接触食品时一般不洗手	-0.019	0.041	0.106	-0.029	-0.004	-0.162	0.614	0.158	0.048	0.063	-0.144
冰箱中生熟食品随意摆放	0.096	-0.010	0.852	0.004	0.063	0.065	0.005	-0.012	-0.005	0.068	-0.026
不会定期对冰箱内部进行清洗或消毒	0.003	0.064	0.837	-0.009	0.063	-0.013	0.141	0.000	0.054	-0.012	-0.019
不会每次做饭前/后清洗厨房水槽	-0.031	-0.017	0.046	0.023	0.124	0.137	0.003	-0.017	0.815	0.004	0.050
不会每次使用前/后清洗厨房清洁用海绵和抹布	0.017	0.012	0.003	0.022	-0.049	-0.049	0.050	0.111	0.841	0.005	0.024
生鲜鸡蛋、海鲜或肉类烹调中不会煮至完全熟透	0.026	0.034	0.095	0.013	-0.121	-0.049	-0.019	-0.013	-0.032	0.600	-0.068
食品烹调中不会通过搅拌、转动等方式让各个部分充分加热	-0.072	-0.036	-0.054	-0.005	0.113	0.009	0.040	0.014	0.050	0.773	-0.045

表 3　家庭食品处理风险行为的聚类分析

	食品运输不当类（n = 265）		食品冷藏不当类（n = 418）		厨房清洁用品交叉污染类（n = 316）		生熟食品交叉污染类（n = 165）		清洁卫生风险类（n = 198）		烹调不彻底类（n = 293）		剩菜处理不当类（n = 308）		食品处理行为安全类（n = 200）		P
	Mean	SD	Mean	SD	Mean	SD	Mean	SD	Mean	SD	Mean	SD	Mean	SD	Mean	SD	
冰箱冷藏因子	-0.084	0.061	0.743	0.018	0.074	0.055	0.236	0.106	-0.045	0.101	0.212	0.049	-1.224	0.003	-0.056	0.071	0.000
剩菜处理因子	0.066	0.064	0.819	0.017	-1.527	0.006	0.134	0.105	-0.124	0.097	-0.484	0.024	0.694	0.020	-0.071	0.066	0.000
食品解冻因子	0.036	0.063	0.224	0.053	0.014	0.055	-0.241	0.122	0.115	0.102	0.086	0.056	-0.389	0.023	-0.024	0.067	0.000
食品运输因子	2.106	0.032	-0.405	0.018	-0.401	0.023	0.024	0.108	0.045	0.104	-0.339	0.027	-0.390	0.022	-0.094	0.064	0.000
刀具、案板清洁因子	-0.300	0.027	-0.305	0.025	-0.313	0.015	2.881	0.06	2.994	0.043	-0.289	0.017	-0.250	0.032	-0.015	0.029	0.000
手部清洁因子	0.085	0.061	0.081	0.045	-0.005	0.057	-0.612	0.106	0.664	0.086	0.034	0.052	-0.142	0.050	-0.172	0.070	0.000
果蔬清洁因子	-0.037	0.061	-0.014	0.048	0.031	0.056	0.559	0.067	0.675	0.024	0.005	0.052	-0.073	0.054	-0.390	0.068	0.000
冰箱储存因子	0.059	0.064	-0.025	0.044	-0.078	0.056	0.394	0.104	-0.338	0.107	-0.017	0.054	-0.017	0.052	0.158	0.065	0.000
生熟分开因子	0.006	0.067	-0.002	0.041	-0.009	0.053	2.925	0.109	-0.467	0.075	-0.040	0.055	-0.039	0.051	-0.012	0.073	0.000
厨房用品清洁因子	0.190	0.040	0.263	0.027	0.334	0.033	0.158	0.087	0.008	0.089	0.265	0.032	0.319	0.029	-2.514	0.011	0.000
食品烹调因子	-0.093	0.052	-0.318	0.022	-0.954	0.006	-0.091	0.089	0.039	0.102	1.605	0.029	-0.200	0.034	0.003	0.070	0.000

不彻底类；第 7 类消费者约占 14.24%，具有在剩菜处理中冷藏不及时、食用前加热不充分且反复剩菜的行为，此类行为特征可以称为剩菜处理不当类；第 8 类消费者约占 9.25%，此类消费者在各方面的风险行为得分均较低，此类行为特征可以称为食品处理行为安全类。

（三）引发食源性疾病的家庭食品处理风险行为判别

1. 引发食源性腹泻的家庭食品处理风险行为的统计特征

考虑到食源性疾病涵盖病种范围的广泛以及食源性腹泻的严重疾病负担，同时为避免调查中的记忆与选择性偏误差，本部分将消费者过去一年的食源性腹泻作为考察对象，按照严重程度将其划分为 4 类进行研究，分别为住院治疗（Hospital Treatment，HT），共 123 人，占比为 5.69%；药物治疗（Drug Treatment，DT），共 254 人，占比为 11.74%；自行康复（Self - healing Treatment，SHT），共 657 人，占比为 30.37%；从没有任何不适感觉（None），共 1129 人，占比为 52.20%。如表 4 所示，在所有引发食源性腹泻的消费者风险行为特征中，生熟食品交叉污染所占比例最高，发生人数达到 87.87%，其后依次为剩菜处理不当（71.75%），烹调

表 4　引发食源性腹泻的家庭食品处理风险行为特征的卡方检验

	HT		DT		SHT		总计	
	人数	百分比（%）	人数	百分比（%）	人数	百分比（%）	人数	百分比（%）
食品运输不当类	2	0.75	3	1.15	55	20.75	60	22.65
食品冷藏不当类	7	1.91	49	11.71	116	27.75	172	41.37
厨房清洁用品交叉污染类	4	1.27	17	5.38	83	26.27	104	32.92
生熟食品交叉污染类	25	15.15	42	25.45	78	47.27	145	87.87
清洁卫生风险类	12	6.06	30	15.15	73	36.87	115	58.08
烹调不彻底类	32	10.92	57	19.45	96	32.76	185	63.13
剩菜处理不当类	40	12.99	54	17.53	127	41.23	221	71.75
食品处理行为安全类	1	0.50	2	1.00	29	14.50	32	16.00
卡方值	396.827*							

注：* 表示 P<0.001。

不彻底（63.13%），清洁卫生风险（58.08%），食品冷藏不当（41.37%），厨房清洁用品交叉污染（32.92%）和食品运输不当（22.65%）。

2. 基于实践理论的家庭食品处理风险行为特征判别

社会实践理论认为，消费者行为习惯与个体特征和家庭特征交互相关，共同影响实践及其结果，现有研究也印证了上述结论。对此，假设第 i 个消费者的家庭食品处理实践形态，受到行为习惯及消费者个体特征和家庭特征等因素的交互影响。

鉴于实践形态难以被观测的现实，本文选择食源性腹泻程度 Y_i 作为显示变量，其取值为［1，n］。

$$Y_i = \beta X_i + \varepsilon_i \tag{1}$$

其中，X_i 为第 i 个食源性腹泻程度的影响因素向量，β 为待估计系数向量，ε_i 为独立同分布的随机绕动项。$Y_i = 1$ 代表食源性腹泻严重程度为 SHT，$Y_i = 2$ 代表食源性腹泻严重程度为 DT，$Y_i = 3$ 代表食源性腹泻严重程度为 HT。Y_i 取值越大，代表食源性腹泻越严重，并构建以下分类框架：

$$\begin{cases} Y_i = 1, \ Y_i \leqslant \mu_1 \\ Y_i = 2, \ \mu_1 < Y_i \leqslant \mu_2 \\ \vdots \\ Y_i = n, \ \mu_n < Y_i \end{cases} \tag{2}$$

式（2）中，μ_n 为食源性腹泻严重度变化的临界点（满足 $\mu_1 < \mu_2 < \cdots < \mu_n$）。有序多分类 Logit 模型不要求变量满足正态分布或等方差，可研究多分类因变量与其影响因素之间的关系，适用于对不同程度食源性腹泻的消费者的食品处理风险行为特征进行定量评价。一般而言，假设 ε_i 的分布函数为 $F(x)$，可得到因变量 Y_i 取各选择值的概率：

$$\begin{cases} p(Y_i = 1) = F(\mu_1 - \beta X_i) \\ p(Y_i = 2) = F(\mu_2 - \beta X_i) - F(\mu_1 - \beta X_i) \\ \vdots \\ p(Y_i = n) = 1 - F(\mu_n - \beta X_i) \end{cases} \tag{3}$$

由于 ε_i 服从 Logit 分布，则

$$p(Y_i > 0) = F(U_i - \mu_1 > 0) = F(\varepsilon_i > \mu_1 - \beta X_i) = 1 - F(\varepsilon_i < \mu_1 - \beta X_i) = \frac{exp(\beta X_i - \mu_1)}{1 + exp(\beta X_i - \mu_1)} \quad (4)$$

本文将影响因素归纳为如表 5 所示的个体特征、家庭特征及家庭食品处理风险行为特征共 3 大类 10 个变量。消费者家庭食品处理风险行为及消费者个体和家庭特征的交互作用对家庭食源性腹泻的影响分析结果见表 6。

表 5　有序 Logit 回归模型的变量名称和含义

变量名称	变量含义
个体特征	
性别	女性 =1；男性 =0
年龄	实际值（周岁）
婚姻状况	未婚 =1；已婚 =0
受教育程度	具体受教育年限（年）
职业稳定度	分为自由职业者、企业员工和公务员或事业单位职员 3 类，稳定度逐渐上升
个人年收入水平	个人年纯收入实际值（万元）
家庭特征	
家庭人口数	日常居住在一起的人数（人）
家庭年收入水平	共同生活成员的家庭总体收入实际值（万元）
家中是否有 18 岁以下小孩	是 =1；否 =0
家庭食品处理风险行为特征	基于前文研究结果，共分为 8 类：食品运输不当类（$R_Ⅰ$）、食品冷藏不当类（$R_Ⅱ$）、厨房清洁用品交叉污染类（$R_Ⅲ$）、生熟食品交叉污染类（$R_Ⅳ$）、清洁卫生风险类（$R_Ⅴ$）、烹调不彻底类（$R_Ⅵ$）、剩菜处理不当类（$R_Ⅶ$）、食品处理行为安全类（以食品处理行为安全类为参照组）
	食品运输不当类（$R_Ⅰ$）（是 =1，否 =0）
	食品冷藏不当类（$R_Ⅱ$）（是 =1，否 =0）
	厨房清洁用品交叉污染类（$R_Ⅲ$）（是 =1，否 =0）
	生熟食品交叉污染类（$R_Ⅳ$）（是 =1，否 =0）
	清洁卫生风险类（$R_Ⅴ$）（是 =1，否 =0）
	烹调不彻底类（$R_Ⅵ$）（是 =1，否 =0）
	剩菜处理不当类（$R_Ⅶ$）（是 =1，否 =0）

表 6 有序 Logit 模型参数估计结果

变 量	系 数	标准误	Wald 值	P 值	95% 置信区间	
					下限	上限
食品处理风险行为特征						
$R_{Ⅰ}$	3.631	3.139	1.338	0.247	-2.522	9.785
$R_{Ⅱ}$	8.748***	2.712	10.404	0.001	3.432	14.063
$R_{Ⅲ}$	8.439**	2.834	8.867	0.003	2.885	13.994
$R_{Ⅳ}$	23.001***	3.505	43.054	0.000	16.131	29.872
$R_{Ⅴ}$	12.952***	2.884	20.172	0.000	7.300	18.604
$R_{Ⅵ}$	18.000***	3.290	29.942	0.000	11.553	24.448
$R_{Ⅶ}$	20.981***	3.047	47.411	0.000	15.009	26.953
性别						
$R_{Ⅳ}$ * 女性	-1.136*	0.463	6.016	0.014	-2.043	-0.228
$R_{Ⅶ}$ * 女性	-0.870**	0.295	8.668	0.003	-1.449	-0.291
年龄						
$R_{Ⅱ}$ * 年龄	0.810***	0.222	13.311	0.000	0.375	1.245
$R_{Ⅳ}$ * 年龄	1.394**	0.514	7.353	0.007	0.386	2.401
$R_{Ⅵ}$ * 年龄	0.888**	0.275	10.384	0.001	0.348	1.427
$R_{Ⅶ}$ * 年龄	1.281*	0.650	3.882	0.049	0.007	2.555
婚姻状况						
$R_{Ⅳ}$ * 未婚	-0.711*	0.303	5.491	0.019	-1.306	-0.116
$R_{Ⅶ}$ * 未婚	-2.496**	0.917	7.404	0.007	-4.294	-0.698
受教育程度						
$R_{Ⅳ}$ * 受教育程度	-0.392*	0.182	4.642	0.031	-0.748	-0.035
$R_{Ⅶ}$ * 受教育程度	-0.557*	0.224	6.171	0.013	-0.996	-0.118
职业稳定度						
$R_{Ⅱ}$ * 职业	-0.715**	0.217	10.844	0.001	-1.141	-0.289
$R_{Ⅳ}$ * 职业	-2.211**	0.691	10.246	0.001	-3.565	-0.857
$R_{Ⅴ}$ * 职业	-1.772***	0.421	17.706	0.000	-2.598	-0.947
$R_{Ⅵ}$ * 职业	-2.058***	0.454	20.568	0.000	-2.947	-1.169
$R_{Ⅶ}$ * 职业	-1.152***	0.314	13.410	0.000	-1.768	-0.535
个人年收入						
$R_{Ⅱ}$ * 个人年收入	0.939***	0.200	22.071	0.000	0.547	1.330

续表

变 量	系 数	标准误	Wald 值	P 值	95% 置信区间	
					下限	上限
R_{IV} * 个人年收入	1.386 **	0.408	11.516	0.001	0.585	2.186
R_{VI} * 个人年收入	1.144 ***	0.288	15.756	0.000	0.579	1.708
R_{VII} * 个人年收入	1.361 ***	0.279	23.726	0.000	0.813	1.908
家庭人口数						
R_{II} * 家庭人口数	0.610 ***	0.160	14.464	0.000	0.296	0.925
R_{IV} * 家庭人口数	0.966 *	0.377	6.570	0.010	0.227	1.705
R_{VII} * 家庭人口数	-1.250 ***	0.302	17.122	0.000	-1.842	-0.658
家庭年收入						
R_{I} * 家庭年收入	2.409 ***	0.494	23.765	0.000	1.44	3.378
R_{II} * 家庭年收入	1.316 ***	0.324	16.507	0.000	0.681	1.951
R_{IV} * 家庭年收入	5.585 ***	1.089	26.297	0.000	3.451	7.720
R_{VI} * 家庭年收入	1.511 ***	0.233	42.084	0.000	1.055	1.968
R_{VII} * 家庭年收入	3.030 ***	0.464	42.581	0.000	2.120	3.940
临界点						
临界点 1μ_1	8.723 **	2.532	11.864	0.001	3.759	13.686
临界点 2μ_2	10.967 ***	2.545	18.577	0.000	5.980	15.954
临界点 3μ_3	15.292 ***	2.564	35.566	0.000	10.266	20.317
Nagelkerke	0.767					
Cox 及 Snell	0.684					
卡方值	2494.819 ***					

注：* 表示 $P<0.05$，** 表示 $P<0.01$，*** 表示 $P<0.001$。需要说明的是，由于篇幅有限，上表中仅列出有显著性差异的变量。

（1）家庭食品处理风险行为特征因素的影响

生熟食品交叉污染（R_{IV}）、清洁卫生风险（R_{V}）和厨房清洁用品交叉污染（R_{III}）是引发交叉污染的家庭食品处理风险行为特征，变量的估计系数分别为 23.001、12.952 和 8.439，其显著性水平分别为 0.000、0.000 和 0.003，说明引发交叉污染的风险行为是导致食源性腹泻的主要风险因素，与前人的结论一致[32,36~38,46]，且食品储存与案板、刀具及餐具使用中的生熟食品不分是引发家庭严重食源性腹泻的首要风险因素[25]。剩菜处理不当（$R_{Ⅶ}$）变量的估计系数为20.981，其显著性水平为0.000，成为家庭食源性腹泻的第二大风险因素，这是因为不恰当的剩菜储存及加热方式会增加病原微生物的生长繁殖，从而引发食源性疾病，而这种剩菜处理不当行为的流行可能与中国传统的节约文化相关[74]。烹调不彻底（$R_{Ⅵ}$）变量的估计系数为18.000，其显著性水平为0.000，表明只要消费者在烹调中不注重食品的充分加热，食源性腹泻的严重程度就会显著提高。在食品原料安全风险中，只有食品冷藏不当与食源性腹泻的严重程度显著正相关，变量的估计系数为8.748，显著性水平均为0.000，表明如果在食品冷藏中不注重储存期限和储存温度，则引发严重食源性腹泻的风险会显著增加。

（2）家庭食品处理风险行为与消费者个体特征的交互影响

在本研究中，性别、年龄、婚姻状况、职业稳定度、受教育程度和个人年收入等个体特征与食品处理风险行为的交互显著影响食源性腹泻发生的严重程度，与国内外的研究结论相似[37,61,65,75]。其中，在性别变量中，“$R_{Ⅶ}$*女性”和“$R_{Ⅳ}$*女性”变量的估计系数分别为－0.870和－1.136，其显著性水平为0.003和0.014，表明女性在家庭食品处理过程中，生熟食品交叉污染及剩菜处理不当的风险行为显著少于男性，其发生严重食源性腹泻的风险也显著低于男性，印证了高风险行为在男性中更流行的结论[60,66]。同样，剩菜处理不当与生熟食品交叉污染在未婚人群中也更加普遍。在年龄变量中，“$R_{Ⅵ}$*年龄”、“$R_{Ⅶ}$*年龄”、“$R_{Ⅱ}$*年龄”和“$R_{Ⅳ}$*年龄”变量的估计系数均为正，显著性水平均小于0.05，这表明，随着年龄的增大，家庭食品处理过程中烹调不彻底、生熟食品交叉污染、食品冷藏不当和剩菜处理不当等风险行为都显著增加，使得食源性腹泻的严重度显著提高，且风险最高的为生熟食品交叉污染（变量系数为1.394）和剩菜处理不当（变量系数为1.281）。一方面，人在45岁以后，逐步进入中老年的人生阶段，生理机能的下降必然会导致其成为各种疾病的风险主体；另一方面，许多研究表明，老人多是家庭食品处理风险行为与食源性疾病发生的主要风险人群[41,66,75]，而消费者职业稳定度越高，上述特征的风险行为引发严重食源性腹泻的风险显著降低。在受教育程度变量中，“$R_{Ⅶ}$*受教育程度”和“$R_{Ⅳ}$*受教育程度”变量的估计系数为－0.557和

-0.392，显著性水平分别为 0.013 和 0.031，表明受教育程度越高的消费者在家庭食品处理过程中，剩菜处理与生熟食品分开行为越规范[37,60-61]，发生食源性腹泻的严重程度越低，与 Broner 等[75]的结论一致。在个人年收入变量中，“$R_{Ⅱ}$*个人年收入”、“$R_{Ⅶ}$*个人年收入”、“$R_{Ⅵ}$*个人年收入”和“$R_{Ⅳ}$*个人年收入”变量的估计系数均为正，其显著性水平均小于 0.01，表明收入水平越低，则发生严重食源性腹泻的风险越高，这主要源于收入水平与食品处理过程中交叉污染、剩菜处理不当和烹调不彻底等风险行为存在显著负相关关系[60-61]。

（3）家庭食品处理风险行为与消费者家庭特征的交互影响

在家庭人口数变量中，“$R_{Ⅳ}$*家庭人口数”和“$R_{Ⅱ}$*家庭人口数”变量的估计系数为正，说明随着家庭人口数的增多，家庭食品处理过程中生熟食品交叉污染和食品冷藏不当行为显著增加，增加了消费者的食源性腹泻风险，而“$R_{Ⅶ}$*家庭人口数”变量的估计系数为 -1.250，显著性水平为 0.000，表明家庭人口数越多，剩菜处理行为越规范，消费者发生食源性腹泻的风险也越低。在家庭年收入变量中，“$R_{Ⅰ}$*家庭年收入”、“$R_{Ⅱ}$*家庭年收入”、“$R_{Ⅶ}$*家庭年收入”、“$R_{Ⅵ}$*家庭年收入”和“$R_{Ⅳ}$*家庭年收入”变量的估计系数均为正，其显著性水平均为 0.000，表明与个人收入水平状况相似，家庭收入水平越低，家庭食品处理过程中食品运输、食品冷藏和剩菜处理不当，以及生熟食品交叉污染与烹调不彻底的风险行为越可能发生，且家庭发生食源性腹泻的风险越高。

五　主要结论

家庭作为食物链的最后一个环节，是食源性疾病发生与否的关键，关系着万千消费者的健康，针对关键的家庭食品处理风险行为与风险人群，制定家庭食源性疾病防范策略，对转型中的中国实施“健康中国”战略具有重要价值。本研究基于中国 10 个省份 2163 户家庭的调查数据，得出如下结论。

本研究基于家庭食品处理行为将消费者聚为 8 类，其中 7 类消费者具有不同的风险行为特征，而第 8 类消费者具有行为安全的特征。7 类风险行为特征分别为食品运输不当类、食品冷藏不当类、厨房清洁用品交叉污染类、生熟食品交叉污染类、清洁卫生风险类、烹调不彻底类、剩菜处理不当类。生熟食品交叉污染与剩菜处理不当是引发家庭食源性腹泻尤其是严重食源性腹泻的主要风险行为特征，其后依次为烹调不彻底、清洁卫生风险、食品冷藏不当和厨房清洁用品交叉污染。同时，消费者个体特征和家庭特征与家庭食品处理风险行为特征的交互显著影响家庭食源性腹泻发生的严重程度。

本文基于前人的研究成果，以实践理论为基础，以家庭食品处理风险行为为研究切入点，以食源性疾病为研究视角，通过分析家庭食品处理风险行为及消费者个体特征和家庭特征的交互作用对家庭食源性疾病发生的影响，识别关键风险行为特征与风险人群特征，这是本文的创新点。但是本文没有研究消费者自身责任认知、乐观偏见等心理特征因素对家庭食品处理风险行为与食源性疾病发生的影响，这将是后续研究要关注的重点问题。

参考文献

[1] Food Standards Agency, "The FSA Foodborne Disease Strategy 2010 - 2015 (England)," London: Food Standards Agency, 2011.

[2] 庞璐、张哲、徐进：《2006 ~ 2010 年我国食源性疾病暴发简介》，《中国食品卫生杂志》2011 年第 6 期。

[3] 聂艳、尹春、唐晓纯等：《1985 ~ 2011 年我国食物中毒特点分析及应急对策研究》，《食品科学》2013 年第 5 期。

[4] Forsythe, S. J., *Microbiologia da Seguranc, a Alimentar*, PortoAlegre: Artmed (in French), 2002.

[5] FCC Consortium, "Analysis of the Costs and Benefits of Setting a Target for the Analysis of Reduction of Salmonellains Laughter Pigs for European Commission Health and Consumers Directorate - General," *SANCO/2008/E2/036 Final Report*, 2010.

[6] Griffith, C. J., Worsfold, D., Mitchell, R., "Food Preparation, Risk Communication and the Consumer," *Food Control*, 1998, 9 (4): 225 - 232.

[7] 陈君石：《中国的食源性疾病有多严重?》，《北京科技报》2015 年 4 月 20 日，第

052 版。

[8] Chen, Y. , Yan, W. X. , Zhou, Y. J. et al. , "Burden of Self – reported Acute Gastrointestinal Illness in China: A Population – based Survey," *BMC Public Health*, 2013, 13: 456.

[9] Tarkhashvili, N. , Chokheli, M. , Chubinidze, M. , "Regional Variations in Home Canning Practices and the Risk of Foodborne Botulism in the Republic of Georgia, 2003," *Journal of Food Protection*, 2015, 78 (4): 746 – 750.

[10] Centers for Disease Control and Prevention – CDC, "The Food Production Chain – How Food Gets Contaminated," http: //www. cdc. gov/foodsafety/outbreaks/investigating – outbreaks/production – chain. html. Acessed at. Feb. 2016.

[11] World Health Organazation (WHO), "Sixty – Third World Health Assembly. WHA63. 3. ," Geneva, 2010.

[12] Losasso, C. , Cibin, V. , Cappa, V. et al. , "Food Safety and Nutrition: Improving Consumer Behavior," *Food Control*, 2012, 26: 252 – 258.

[13] Byrd – Bredbenner, C. , Maurer, J. , Wheatley, V. et al. , "Food Safety Self – reported Behaviors and Cognitions of Young Adults: Results of a National Study," *Journal of Food Protection*, 2007, 70: 1917 – 1926.

[14] McCarthy, M. , Brennan, M. , Kelly, A. L. et al. , "Who is at Risk and What Do They Know? Segmenting a Population on Their Food Safety Knowledge," *Food Quality and Preference*, 2007, 18: 205 – 217.

[15] Sanlier, N. , "The Knowledge and Practice of Food Safety by Young and Adult Consumers," *Food Control*, 2009, 20: 538 – 542.

[16] Redmond, E. C. , Griffith, C. J. , "Consumer Food Handling in the House: A Review of Food Safety Studies," *Journal of Food Protection*, 2003, 66: 130 – 161.

[17] Bai, L. , Tang, J. , Yang, Y. S. et al. , "Hygienic Food Handling Intention: An Application of the Theory of Planned Behavior in the Chinese Cultural Context," *Food Control*, 2014, 42: 172 – 180.

[18] Xue, J. , Zhang, W. , "Understanding China's Food Safety Problem: An Analysis of 2387 Incidents of Acute Foodborne Illness," *Food Control*, 2013, 30: 311 – 317.

[19] Karabudak, E. , Bas, M. , Kiziltan, G. , "Food Safety in Households Consumption of Meat in Turkey," *Food Control*, 2008, 19: 320 – 327.

[20] European Food Safety Authority, "European Centre for Disease Prevention and Control: Union Summary Report on Trends and Sources of Zoonoses Zoonotic Agents and

Food - borne Outbreaks in 2009," *EFSA Journal*, 2011, 9: 2090.

[21] Elizabeth, S., "Food Safety and Foodborne Disease in 21st Century Homes," *The Canadian Journal of Infectious Diseases - Journal Canadien des Maladies Infectieuses*, 2003, 14 (5): 277 - 280.

[22] Jean, K., Sarah, G., Aisling, N., "Identification of Critical Points during Domestic Food Preparation: An Observational Study," *British Food Journal*, 2011, 113 (6 - 7): 766 - 783.

[23] Eves, A., Bielby, G., Egan, B. et al., "Food Hygiene Knowledge and Self - reported Behaviours of UK School Children (4 - 14 years)," *British Food Journal*, 2006, 108 (9): 706 - 720.

[24] World Health Organazation (WHO), "Prevention of Foodborne Disease: Five Keys to Safer Food," Geneva (Switzerland): World Health Organization, 2013. http: // www. who. int/foodsafety/consumer/5keys/en/ [Accessed 10 February 2016].

[25] Kusumaningrum, H. D., Riboldi, G., Hazeleger, W. C. et al., "Survival of Foodborne Pathogens on Stainless Steel Surfaces and Cross - contamination to Foods," *International Journal of Food Microbiology*, 2003, 85: 227 - 236.

[26] Pérez - Rodríguez, F., Valero, A., Carrasco, E. et al., "Understanding and Modelling Bacterial Transfer to Foods: A Review," *Trends in Food Science & Technology*, 2008, 19 (3): 131 - 144.

[27] Skalina, L., Nikolajeva, V., "Growth Potential of Listeria Monocytogenes Strains in Mixed ready - to - eat Salads," *International Journal of Food Microbiology*, 2010, 144 (2): 317 - 321.

[28] Kalyoussef, S., Feja, K. N., "Foodborne Illnesses," *Advances in Pediatrics*, 2014, 61: 287 - 312.

[29] Stals, A., Jacxsens, L. Baert, L., et al., "A Quantitative Exposure Model Simulating Human Norovirus Transmission during Preparation of Deli Sandwiches," *International Journal of Food Microbiology*, 2015, 196: 126 - 136.

[30] WHO/FAO, "A Draft Risk Assessment of Campylobacter spp. in Broiler Chickens - Interpretive Summary," Geneva, Switzerland: WHO Library, 2003.

[31] Uyttendaele, M., Baert, K., Ghafir, Y. et al., "Quantitative Risk Assessment of Campylobacter spp. in Poultry based Meat Preparations as one of the Factors to Support the Development of Risk - based Microbiological Criteria in Belgium," *International Journal of Food Microbiology*, 2006, 111: 149 - 163.

[32] Luber, P., "Cross - contamination versus Undercooking of Poultry Meat or Eggs - which Risks Need to be Managed First?" *International Journal of Food Microbiology*, 2009, 134: 21 - 28.

[33] Bearth, A., Cousin, M. E., Siegrist, M., "Uninvited Guests at the Tables - A Consumer Intervention for Safe Poultry Preparation," *Journal of Food Safety*, 2013, 33: 394 - 404.

[34] Alsayeqh, A. F., "Foodborne Disease Risk Factors among Women in Riyadh, Saudi Arabia," *Food Control*, 2015, 50: 85 - 91.

[35] Smerdon, W. J., Adak, G. D., O'Brien, S. J. et al., "General Outbreaks of Infectious Intestinal Disease Linked with Red Meat, England and Wales, 1992 - 1999," *Communicable Disease and Public Health*, 2001, 4 (4): 259 - 267.

[36] de Jong, A. E. I., Verhoeff - Bakkenes, L. Nauta, M. J. et al., "Cross - contamination in the Kitchen: Effect of Hygiene Measures," *Journal of Applied Microbiology*, 2008, 105: 615 - 624.

[37] Kennedy, J., Nolan, A., Gibney, S., "Deteminants of Cross - contamination during Home Food Preparation," *British Food Journal*, 2011, 113 (2 - 3): 280 - 297.

[38] Wills, W. J., Meah, A., Dickinson, A. M. et al., " 'I Don't Think I Ever Had Food Poisoning'. A Practice - based Approach to Understanding Foodborne Disease that Originates in the Home," *Appetite*, 2015, 85: 118 - 125.

[39] van Asselt, E., Fischer, A., de Jong, A. E. I. et al., "Cooking Practices in the Kitchen - observed versus predicted behavior," *Risk Analysis*, 2009, 29: 533 - 540.

[40] Bourdieu, P., *Distinction: A Social Critique of the Judgement of Taste*, London: Routledge and Kegan Paul, 1984.

[41] Andrea, N., Shannon, M., Rita, F., "High - Risk Food Consumption and Food Safety Practices in a Canadian Community," *Journal of Food Protection*, 2009, 72 (12): 2575 - 2586.

[42] Deon, B. C., Medeiros, L. B., de Freitas Saccol, A. L. et al., "Good Food Preparation Practices in Households: A Review," *Trends in Food Science & Technology*, 2014, 39: 40 - 46.

[43] Chen, Y. H., Jackson, K. M., Chea, F. P., "Quantification and Variability Analysis of Bacterial Cross - contamination Rates in Common Foodservice Tasks," *Journal of Food Protection*, 2001, 64 (1): 72 - 80.

[44] Mylius, S. D., Nauta, M. J., Havelaar, A. H., "Cross - contamination during

Food Preparation: A Mechanistic Model Applied to Chicken - borne Campylobacter," *Risk Analysis*, 2007, 27 (4): 803 - 813.

[45] Whitehead, K. A., Smith, L. A., Verran, J., "The Detection and Influence of Food Soils on Microorganisms on Stainless Steel Using Scanning Electron Microscopy and Epifluorescence Microscopy," *International Journal of Food Microbioloby*, 2010, 141: S125 - S133.

[46] Taché, J., Carpentier, B., "Hygiene in the Home Kitchen: Changes in Behaviour and Impact of Key Microbiological Hazard Control Measures," *Food Control*, 2014, 35: 392 - 400.

[47] Kohl, K. S., Rietberg, K., Wilson, S., "Relationship between Home Food - handling Practices and Sporadic Salmonellosis in Adults in Louisiana, United States," *Epidemiology and Infection*, 2002, 129 (2): 267 - 276.

[48] Todd, E. C. D., Michaels, B. S., Smith, D. et al., "Outbreaks Where Food Workers Have Been Implicated in the Spread of Foodborne Disease. Part 9. Washing and Drying of Hands to Reduce Microbial Contamination," *Journal of Food Protection*, 2010, 73: 1937 - 1955.

[49] Chai, L. - C., Lee, H. - Y., Ghazali, F. M. et al., "Simulation of Cross - contamination and Decontamination of Campylobacter Jejuni during Handling of Contaminated Raw Vegetables in a Domestic Kitchen," *Journal of Food Protection*, 2008, 71: 2448 - 2452.

[50] Funda, E., Muhittin, T., Ozgun, B., "Microbilogical Quality of Home Cooked Meat and Vegetable Salads," *Pakistan Journal of Medical Sciences*, 2010, 26 (2): 416 - 419.

[51] de Wit, J. C., Broekhuizen, G., Kampelmacher, E. H., "Cross - contamination during the Preparation of Frozen Chickens in the Kitchen," *Journal of Hygiene*, 1979, 83: 27 - 32.

[52] Cogan, T. A., Bloomfield, S. F., Humphrey, T. J., "The Effectiveness of Hygiene Procedures for Prevention of Cross - contamination from Chicken Carcases in the Domestic Kitchen," *Letters in Applied Microbiology*, 1999, 29: 354 - 358.

[53] Sampers, I., Berkvens, D., Jacxsens, L. et al., "Survey of Belgian Consumption Patterns and Consumer Behaviour of Poultry Meat to Provide Insight in Risk Factors for Campylobacteriosis," *Food Control*, 2012, 26, 293 - 299.

[54] Fischer, A. R. H., de Jong, A. E. I., van Asselt, E. D. et al., "Food Safety in the

Domestic Environment：An Interdisciplinary Investigation of Microbial Hazards during Food Preparation，" *Risk Analysis*，2007，27：1065 – 1082.

[55] Nauta，M. J.，Fischer，A. R. H.，van Asselt，E. D. et al.，"Food Safety in the Domestic Environment：The Effect of Consumer Risk Information on Human Disease Risks，" *Risk Analysis*，2008，28：179 – 192.

[56] Etiévant，P.，Bellisle，F. Étilé，F.，et al.，"Food Consumption Behaviors（in French），" In P. Chemineau，& C. Donnars（Eds.），*Choix Desconsommateurs et Politiques Nutritionnelles. Versailles*（France）：Editions Quae，2012.

[57] Strachan，D.，Warner，J.，Pickup，J. et al.，"Consensus Statement on the Hygiene Hypothesis，" *International Scientific Forum on Home Hygiene*，*RIPH consensus in clletter*，2003. doc accessed through http：//www. ifh – homehygiene. org/best – practice – review/consensus – statement – hygiene – hypothesis

[58] WHO，"Five Keys to Safer Food Manual，" Geneva（Switzerland）：World Health Organization. 2006.

[59] Mitakakis，T. Z.，Sinclair，M. I.，Fairley C. K. et al.，"Food Safety in Family Homes in Melbourne，Australia，" *Journal of Food Protection*，2004，67（4）：818 – 822.

[60] 巩顺龙、白丽、陈磊等：《我国城市居民家庭食品安全消费行为实证研究——基于 15 省市居民家庭的肉类处理行为调查》，《消费经济》2011 年第 3 期。

[61] 白丽、汤晋、王林森等：《家庭食品安全行为高风险群体辨识研究》，《消费经济》2014 年第 1 期。

[62] Dawson，D.，"Foodborne Protozoan Parasites，" *International Journal of Food Microbiology*，2005，103：207 – 227.

[63] Bourdieu，P.，"Distinction：A Social Critique of the Judgement of Taste，" London：Routledge. 1979/2000.

[64] Sharma，M.，Eastridge，J.，Mudd，C.，"Effective Household Disinfection Methods of Kitchen Sponges，" *Food Control*，2009，20：310 – 313.

[65] Ali，A. S.，"Domestic Food Preparation Practices：A Review of the Reasons for Poor Home Hygiene Practices，" *Health Promotion International*，2013，30（3）：427 – 437.

[66] Yang，S.，Leff，M. G.，McTague，D.，"Multistate Surveillance for Food – Handling，Preparation，and Consumption Behaviors Associated with Foodborne Diseases：1995 and 1996 BRFSS food – safety questions. MMWR，" *CDC surveillance summaries：Morbidity and Mortality Weekly Report. CDC surveillance summaries / Centers for Disease Con-*

trol, 1998, 7 (SS - 4): 33 - 57.

[67] Arzu, C. M., "Public Perception of Food Handling Practices and Food Safety in Turkey," *Journal of Food Agriculture &Environment*, 2009, 7 (2): 113 - 116.

[68] Jacob, C., Mathiasen, L., Powell, D., "Designing Effective Messages for Microbial Food Safety Hazards," *Food Control*, 2010, 21: 1 - 6.

[69] Aiello, A. E., Larson, E. L., Sedlak, R., "Personal Health: Bringing Good Hygiene Home," *American Journal of Infection Control*, 2008, 36 (10): S151 - S165, Supplement.

[70] Knox, B., "Consumer Perception and Understanding of Risk from Food," *British Medical Bulletin*, 2000, 56: 97 - 109.

[71] Probart, C., "Risk Communication in Food - safety Decision Making," *Food, Nutrition and Agriculture*, 2002, 31: 14 - 19.

[72] Radhika, B., Ruud, V., Matthijs, D., "Evaluation of Research Methods to Study Domestic Food Preparation," *British Food Journal*, 2015, 117 (1): 7 - 21.

[73] Hair, J., Black, W. C., Babin, B. J. et al., "Multivariate Data Analysis (7th ed.)," Upper Saddle River, NJ: Prentice Hall, 2009.

[74] Liu, H. J., Xiao, Q. Y., Cai, Y. Z. et al., "The Quality of Life and Mortality Risk of Elderly People in Rural China: The Role of Family Support," *Asia - Pacific Journal of Public Health*, 2015, 27 (2): 232 - 2245.

[75] Broner, S., Torner, N., Dominguez, A. et al., "Sociodemographic Inequalities and Outbreaks of Foodborne Diseases: An Ecologic Study," *Food Control*, 2010, 21: 947 - 951.

婴幼儿配方奶粉质量信号属性的消费者偏好研究

——基于选择实验的考察*

徐迎军　徐振东　尹世久**

摘　要：以婴幼儿配方奶粉为研究标的，选择有机认证标签、可追溯认证标签、销售渠道和价格等属性展开实验设计，在山东省济南市、青岛市和烟台市等进行了调研。用潜类别模型研究了消费者对婴幼儿配方奶粉属性的偏好。结果表明，消费者可分成4个类别，即认证偏好型、渠道偏好型、担忧型、价格敏感型。由于消费者具有异质性，企业应根据不同消费者群体的特点生产差别化产品，满足其异质性需求。加快牛奶的可追溯体系建设，从而在牛奶质量出现问题时及时追溯到直接责任主体，进行相应处罚并赔偿消费者损失。加强信息交流机制建设，完善信息交流渠道与方式，从而降低消费者对食品安全风险的担忧水平，提高其信任程度。

关键词：婴幼儿配方奶粉　有机认证标签　可追溯标签　支付意愿　选择实验　潜类别模型

---

* 国家社会科学基金重大项目（项目编号：14ZDA069）、国家自然科学基金项目（项目编号：71203122）、教育部人文社会科学研究青年基金资助项目（项目编号：13YJC790169）、山东省自然科学基金项目（项目编号：ZR2013GL002）、江苏省高校人文社科优秀创新团队建设项目（2013－011）。

** 徐迎军（1974～　），男，山东临沂人，博士，曲阜师范大学山东省食品安全治理政策研究中心副教授，硕士生导师，研究方向为食品安全治理；徐振东（1988～　），男，山东滕州人，曲阜师范大学山东省食品安全治理政策研究中心硕士生，研究方向为食品安全管理；尹世久（1977～　），男，山东日照人，博士，曲阜师范大学山东省食品安全治理政策研究中心首席专家，教授，研究方向为食品安全治理。

一 引言

民以食为天，食以安为先。近年来，我国食品安全丑闻屡屡曝出，婴幼儿配方奶粉行业更是备受社会各界关注的“重灾区”。从2004年的“安徽阜阳劣质奶粉事件”，到2008年蔓延全国的“三聚氰胺”事件，以及2009年以来查处的使用2008年未被销毁的问题奶粉作为原料来生产乳制品的一系列三聚氰胺超标事件，再到2013年以来频现的在华销售的洋品牌婴幼儿配方奶粉的质量问题，问题奶粉事件可谓层出不穷，沉重打击了公众的消费信心。婴幼儿配方奶粉具有典型的“信任品”特征，消费者对其质量的判断主要依赖一些质量保证等外在线索来进行，这些质量线索能否获得消费者信任或认可至关重要。除传统的品牌保证外，第三方认证、可追溯信息标签乃至销售渠道（尤其是药店销售与网络销售等新业态）等成为日益重要的外在线索。

消费者偏好是市场研究的基础和出发点。围绕消费者对婴幼儿配方奶粉等不同类型乳制品的偏好，学界已有丰富研究成果[1~5]。根据Lancaster的消费者效用理论，消费者从婴幼儿配方奶粉消费中获取的效用，来自奶粉的具体属性[6]。因此，除了产品品牌、产地等传统的产品质量信号属性外，对第三方认证标签和可追溯标签等质量信号属性的消费者偏好进行研究，开始引起学界关注。何海泉和周丹利用联合分析考察了消费者对婴儿奶粉的选择行为和支付意愿，结果表明，消费者对进口奶粉的支付意愿较高[7]。Wu等利用随机参数Logit模型考察了消费者对奶粉的有机认证标签、品牌和原产地属性的支付意愿，结果表明，消费者认为在购买奶粉时，有机认证标签属性最重要，其次是品牌和原产地；就有机认证标签而言，消费者更偏好美国有机认证标签和欧盟有机认证标签[8]。Zhou和Wang利用有序Logit模型考察了消费者在2008年的“三聚氰胺”事件后，对奶粉的安全属性的态度以及态度的影响因素[9]。

不同于以往乳制品消费者偏好的研究，本文选取有机认证标签、可追溯标签和销售渠道作为关键质量信号属性，设计选择实验获取调研数据，进而借助潜类别模型考察消费者对上述质量信息属性偏好的异质性。可能的创新在于：①基于婴幼儿配方奶粉市场发展实际，综合考察了消费者对有机认证标签、可追溯标签和销售渠道 3 种质量信号属性的支付意愿，尤其是比较了药店销售、网络销售两种销售新形态与传统超市销售的消费者偏好的差异；②运用国际上前沿的潜类别模型考察了消费者偏好的异质性，尤其是在构建 LCM 模型时，把消费者的性别、年龄、受教育程度和收入水平等人口社会因素纳入作为协变量，得到更好的拟合效果，为 LCM 在食品研究领域的应用提供了崭新思路。既可为乳品企业制定更具针对性的市场细分与营销战略提供理论指导，也可为政府制定、修订相应产业振兴政策提供参考。

二 理论框架与计量模型

婴幼儿配方奶粉可看作各种属性的有机体，消费者从婴幼儿配方奶粉中获取的总效用可理解为其从婴幼儿配方奶粉的各属性中获取效用的总和。假设个体消费者是理性的，因此选择给其带来最大效用的产品方案。若某方案给消费者带来的效用是最大的，则消费者选择此方案的概率是最大的。

可以把消费者 n 选择方案 i 的效用 U_{ni} 表示如下：

$$U_{ni} = V_{ni} + \varepsilon_{ni} \tag{1}$$

$$V_{ni} = X_{ni}\beta \tag{2}$$

其中 V_{ni} 为效用的确定性部分，ε_{ni} 为误差项，表示从研究者的角度来看，消费者真实的效用是不可观测的。从消费者的观点来看，选择过程即为效用最大化的过程，即消费者会选择给其带来最大效用的方案。如果消费者 n 选择的是方案 i，则消费者从选择集 C 的所有方案中的方案 i 获取的效用最大。因此消费者 n 选择方案 i 的概率可以表示如下：

$$P_{ni} = \text{Prob}(U_{ni} > U_{nj}; j = 1,...,J; j \neq i) \tag{3}$$

$$P_{ni} = \text{Prob}(\varepsilon_{ni} - \varepsilon_{nj} > U_{nj} - U_{ni}; j = 1,...,J; j \neq i) \tag{4}$$

若假设 $\varepsilon_{ni}(i = 1,...,J)$ 服从独立同分布的类型 I 的极值分布，则消费者 n 选择方案 i 的概率可简化为：

$$P_{ni}=\frac{e^{X_i\beta}}{\sum_{j=1}^{J}e^{X_j\beta}},i=1,\ldots,J \tag{5}$$

此即多项 Logit 模型假设消费者的偏好是同质的[10]。此假设有时并不符合实际情况。一个更实际的假设为消费者的偏好具有异质性，即 β 不是固定的，而是随机的，从而能考察消费者偏好的异质性。假设随机参数 β 服从一定的分布，概率密度为 $f(\beta)$，那么消费者 n 从选择集 C 中选择方案 i 的概率为：

$$P_{ni}=\int\frac{\exp(V_{ni})}{\sum_j\exp(V_{ni})}f(\beta)\,d\beta \tag{6}$$

由此得到混合 Logit 模型（Mixed Logit Model，ML）[11]。若假设随机参数 β 只取有限个值，则得到潜类别模型（Latent Class Model，LCM）[12]。在 LCM 中，选择概率 P_{ni} 定义在类概率基础上。在样本中，定义几个潜在的类，依赖于其特征和偏好，每一个消费者以一定概率被安排进某一类中：

$$\pi_{ni}=\sum_{s=1}^{S}\pi_{ni/s}\pi_{ns} \tag{7}$$

其中 s 是类的个数，$\pi_{ni/s}$ 是第 s 中的被调查者 n 选择方案 i 的概率，π_{ns} 是消费者 n 属于第 s 个类的概率[13]：

$$\pi_{ns}=\frac{\exp(\beta_s c_n)}{\sum_j\exp(\beta_j c_n)} \tag{8}$$

其中 β_s 是第 s 类被调查者的关于共同变量 c_n 的系数。类别的个数由信息准则来决定[14]。在 LCM 中，消费者被分成几个类，每一类以关于变量 x_{ni} 和 c_n 的系数为标识。

三　实验设计及样本描述

（一）选择实验设计

基于相关文献的研究以及婴幼儿配方奶粉市场的实际情况，结合预调研的研究结果，对婴幼儿配方奶粉设置了有机认证标签、可追溯认证标签、销售渠道和价格等属性。有机认证标签属性设置了中国有机认证（CNORG）、欧盟有机认证（EUORG）、中国加欧盟有机认证（CNEUORG）、无认证（NOLOGO）等层次。从预调研中了解的情况是消费者对婴幼儿配方奶粉的中国有机认证和欧盟有机认证有一些认知，对其信任程度有所差异，设置这些层次的目的在于考察消费者对不同有机认证的偏好以及支付意愿的差异。可追溯认证标签属性设置了有和无两个层次，旨在考察消费者对婴幼儿配方奶粉的可追溯标签属性的偏好和支付意愿。销售渠道属性设置了超市销售、线上销售以及药店销售 3 个层次，目的在于考察消费者对不同销售渠道的偏好情况和支付意愿差异。

对于价格属性，目前市场上销售的婴幼儿配方奶粉存在从 400 克到 900 克不同规格的包装，价格差异较大。为缩小价格差异，本文选择最小的 400 克包装。同时，为了避免层次数量效应，依据市场所售婴幼儿配方奶粉的实际价格，把价格属性设置为低（Low）（60 元/400 克）、常规（Regular）（90 元/400 克）和高（High）（120 元/400 克）3 个层次。最终设置的属性及其层次见表 1。

表 1 属性与层次

属 性	层 次
有机认证标签（ORGANIC）	中国有机认证（CNORG），欧盟有机认证（EUORG），中国加欧盟双认证（CNEUORG），无认证（NOLOGO）
可追溯标签（TRACE）	有（TRACE），无（NOTRA）
销售渠道（PLACE）	超市（SUPMAR），线上销售（E - Marketing，EMARK），药店（DRUGSTORE，DRST）
价格（PRICE）	60 元/400 克（低），90 元/400 克（常规），120 元/400 克（高）

若利用表 1 中所述的婴幼儿配方奶粉的属性及其层次进行全因子实验设计，则可构建 $4 \times 2 \times 3 \times 3 = 72$ 个虚拟的婴幼儿配方奶粉产品轮廓。若每两个婴幼儿配方奶粉产品轮廓加上一个“不选项”构成一个选择集，则会得到 $72^2 = 5184$ 个选择集，让被调查者在 5184 个选择集中进行选择是不可能的。因此，利用部分因子设计来减少选择集数目是降低被调查者疲劳程

度、提高其选择与比较效率的重要方法。利用 SAS 软件产生 144 个选择集，随机把它们分成 8 个版本，每个版本包含 18 个选择集。每个选择集中有两个虚拟的婴幼儿配方奶粉产品轮廓和另一个“不选项”。

在调查中借鉴 Van Loo 等使用的方法[15]，即把图 1 所示的图片展示给被调查者，并告知虚拟的婴幼儿配方奶粉产品除图片中所列的有机认证标签、可追溯标签、销售渠道和价格等不同外，其余方面完全一致，并让其选出最偏好的虚拟婴幼儿配方奶粉产品。

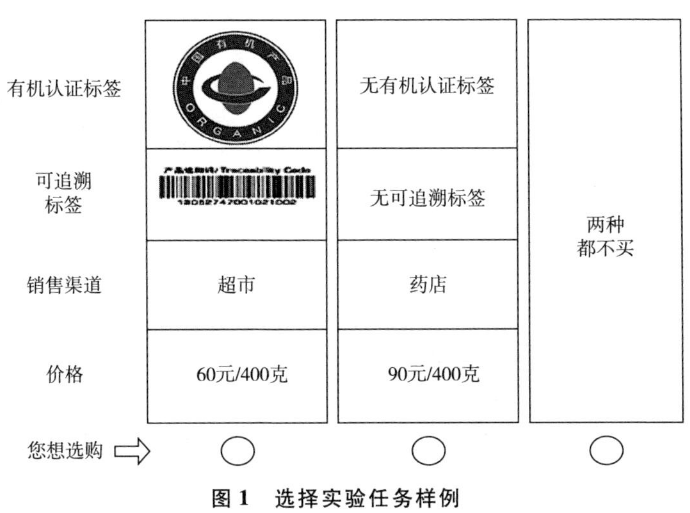

图 1　选择实验任务样例

（二）实验实施与样本描述

调研小组于 2016 年 1～2 月从山东省青岛市、烟台市和济南市的若干超市、有机食品专卖店和药店对消费者进行了面访调研。选择这 3 个地区的原因在于，2014 年山东省统计年鉴显示 2013 年青岛市的 GDP 为 8006.60 亿元，烟台市的 GDP 为 5613.87 亿元，济南市的 GDP 为 5230.19 亿元，分别为山东省 17 个地市的第 1、第 2 和第 3 名[16]。调研分为两项内容，首先是让被调查者完成 18 个选择集中最优模拟婴幼儿配方奶粉产品轮廓的选择任务；接着对被调查者的个体特征进行调查，包括其性别、年龄、受教育程度、收入水平等社会人口特征。调研旨在获取被调查者对婴幼儿配方奶粉的属性偏好及其支付意愿。共有 240 名消费者参与了调查

（每个城市 80 名），剔除明显有错误或填写不完整的问卷 11 份，最终有效问卷为 229 份，即有效回收率为 95.42%。被调查者中有男性 85 名，占 37.12%，女性有 144 名，占 62.88%，性别比例与我国家庭中食品购买与决策者多为女性的现状相吻合。被调查者的描述性统计特征见表 2。

表 2 样本描述性统计结果

变 量	类 别	样本数（人）	百分比
性别	男	85	37.12
	女	144	62.88
年龄	20～29 岁	43	18.78
	30～39 岁	54	23.58
	40～49 岁	36	15.72
	50～59 岁	49	21.40
	60 岁及以上	47	20.52
受教育程度	小学	13	5.68
	初中	60	26.20
	高中（或中专）	56	24.45
	大学（本科或专科）	84	36.68
	研究生及以上	16	6.99
家庭月收入	2000 元及以下	4	1.75
	2001～4000 元	24	10.48
	4001～6000 元	47	20.52
	6001～10000 元	84	36.68
	10001～20000 元	56	24.45
	20000 元以上	14	6.11

四 结果与讨论

（一）潜类别模型估计结果

下面利用潜类别模型把消费者分成几个不同的类别，分析不同类别之间偏好的差异。首先利用 AIC（Akaike Information Criterion，AIC）、AIC3

(Modified Akaike Information Criterion, AIC3)、BIC (Bayesian Information Criterion, BIC) 和 $\bar{\rho}^2$ (The Maximum of the Akaike Likelihood Ratio Index) 等指标来判断最优类别数[12,17]。当选择群数为 2 ~7 时，各信息准则的数据见表 3。

表 3 潜类别模型决定群数的信息准则数据

群数	参数个数	对数似然比	AIC	AIC3	$\bar{\rho}^2$	BIC
2	23	-1810.49608	3671.0	3695.99216	1.649085	1908.661285
3	37	-1767.98770	3616.0	3655.9754	1.639359954	1925.052028
4	51	-1711.29430	3532.6	3587.5886	1.624613654	1927.257751
5	65	-1723.28139	3563.7	3656.56278	0.695299472	1998.143964
6	79	-1720.38207	3565.1	3695.76414	0.695812112	2054.143766
7	93	-1650.75163	3501.5	3601.50326	0.708123759	2043.412449

注：Restricated Log - likelihood = -2827.82803，AIC = -2 (LL - P)，$\bar{\rho}^2$ = 1 - AIC/2LL (0)，AIC3 = -2LL + 3P，BIC = - LL + P/2 × ln (N)。

比较表 3 中信息准则数据，当群数取 4 时，AIC 和 BIC 的数据同时相对较小，表明选择群数为 4 是最适宜的。因此，我们构建群数为 4 的潜类别模型。潜类别模型回归结果见表 4。从表 4 可以看出，性别、年龄、受教育程度和收入水平对于消费者的分类具有显著影响。

消费者可以分成 4 类，即认证偏好型 (45.5%)、渠道偏好型 (24.9%)、担忧型 (14.2%) 以及价格敏感型 (15.4%)。对于第 1 类，即认证偏好型，相对于其他属性系数，欧盟有机认证和中国加欧盟有机认证的系数相对较大，表明相对于其他属性，消费者从欧盟有机认证和中国加欧盟有机认证中获得的效用更大，因此称此类消费者为认证偏好型。性别的系数为显著的正值，表明性别与属于该类别的概率之间是显著的正向关系，即说明男性更可能属于该类别。对于第 2 类，即渠道偏好型，线上销售的系数和超市的系数均为显著的正值，说明相对于药店而言，消费者对从线上和超市购买是认可的，而对新型销售渠道——药店的认可还需要一段时间。可以看到超市的系数明显大于线上销售的系数，说明消费者对超市这个渠道情有独钟，这与调研中了解到

表 4　潜类别模型参数估计结果

变　量	认证偏好型		渠道偏好型		价格敏感型		担忧型	
	系　数	标准差	系　数	标准差	系　数	标准差	系　数	标准差
效用函数系数								
PRICE	-0.183***	0.052	-0.020***	0.007	-0.886***	0.221	-0.201**	0.082
Opt Out	-3.352***	0.350	1.464***	0.314	1.185***	0.376	0.867***	0.253
CNORG	0.490***	0.048	0.805***	0.162	1.075***	0.283	-0.422***	0.126
EUORG	0.887***	0.203	0.398***	0.117	0.166***	0.038	0.690***	0.139
CNEUORG	1.877***	0.245	0.406***	0.148	0.493**	0.201	0.702**	0.287
TRACE	0.278***	0.059	0.035**	0.015	0.615**	0.252	0.574*	0.322
EMARK	0.256*	0.144	0.248***	0.044	0.313	0.368	-0.382	0.308
DRST	0.084	0.055	0.487	0.373	0.181	0.380	-0.407***	1.153
SUPMKT	0.468***	0.131	0.328***	0.107	0.285	0.194	0.651**	0.292
群隶属系数								
常数	-0.275	1.60216	-1.799	2.75702	-2.741	2.034		
性别	1.167**	0.47617	1.197	0.87294	1.831	1.142		
年龄	0.025	0.04174	0.051	0.04505	0.017**	0.007		
受教育程度	-0.091	0.20804	0.039	0.30112	0.320	0.507		
收入水平	-0.104	0.31142	0.148*	0.07861	-0.328***	0.088		
潜类别概率	0.455		0.249		0.142		0.154	
Log likelihood	-1711.294							
McFadden R^2	0.395							
AIC	3532.6							

注：***、**和*分别表示在 1%、5%和 10%水平上显著。

的情况相吻合，此结果可能也与我国现阶段乳制品的线上销售数量不大、监管不严有关。可追溯认证标签的系数也为显著的正值，说明渠道偏好型消费者对可追溯标签较为青睐。从收入的显著正值可以推测，此类消费者可能具有较高的收入，即相对于第 4 类担忧型消费者而言，收入较高的消费者更倾向于属于此类。对于第 3 类，此类消费者在食品购买决策中赋予价格较大的权重。从年龄与收入的系数显著性可以看出，年龄较大或收入较低的消费者属于该类的可能性更大。此结论与 Ortega 关于随着收入水平的不断提高，消费者属于价格敏感型的可能性会逐渐降低的研究结论相吻合[18]。对于第 4 类，消费者对“OptOut”的估计系数是正值，此类消费者可能对市场上的有机认证婴幼儿配方奶粉的信任度不够。其欧盟认证系数与中国加欧盟认证系数为显著的正值，而中国有机认证的系数为显著的负值。原因可能在于其对中国有机认证不信任。其对可追溯认证的系数显著为正，说明其从可追溯标签中获取正效用。对超市渠道的系数为显著的正值，而线上销售的系数为不显著的负值。可能的原因，此类消费者为风险规避型。超市这一销售渠道已为广大消费者所熟知，并获得了充分信任，而线上销售并不普及，且监管有难度，对此类消费者而言，线上购买乳品是一件有风险的事情。而药店刚刚开始试点，其对此销售渠道的认可度更低。

（二）支付意愿估计结果

可以利用式（9）把潜类别估计结果转化成每一类别消费者对各种属性层次的支付意愿。支付意愿可用 Krinsky 和 Robb 提出的参数自举法实现[19]（见表 5）。

$$WTP = -2\frac{\theta_{attribute}}{\alpha_{price}} \tag{9}$$

从表 5 可见，第 1 个类别，即认证偏好型消费者对中国加欧盟认证的支付意愿最高，对欧盟有机认证的支付意愿次之。第 2 个类别，即渠道偏好型消费者，对超市和线上销售的支付意愿分别为最高和次高，即消费者认为线上销售稍逊于超市。第 3 类，即价格敏感型消费者，对各种有机认证标签和可追溯标签的支付意愿都显著低于其他各类别，这应该与此类别消费者收入较低有关。第4类，即担忧型消费者，对各种有机认证和可追溯认证的支付意愿较高，且相对于药店而言，对线上销售和超市的支付意愿较高，特别是对超市销售的支付意愿显著高于对线上销售的支付意愿，说明消费者对传统的超市这种销售渠道情有独钟，也反映了此类消费者的保守行为。

表5 潜类别模型支付意愿估计

属性水平	认证偏好型 WTP[95%置信区间]	渠道偏好型 WTP[95%置区间]	价格敏感型 WTP[95%置信区间]	担忧型 WTP[95%置信区间]
CNORG	87.62[87.26, 88.20]	92.48[92.35, 92.85]	40.63[39.99, 41.51]	83.96[83.19, 84.76]
EUORG	137.95[137.39,138.75]	107.70[107.29, 108.41]	52.00[51.23, 53.03]	137.30[136.62, 138.00]
CNEUORG	140.75[139.94, 141.76]	118.38[117.85, 119.17]	83.24[82.91, 83.79]	139.68[139.17, 140.22]
TRACE	80.05[79.14, 81.18]	120.60[119.94, 212.58]	75.25[75.16, 75.58]	113.32[112.37, 114.49]
EMARK	70.29[69.77, 71.03]	122.41[121.85, 123.13]	64.50[64.13, 65.11]	81.11[81.71, 80.27]
SUPMKT	130.03[129.82, 130.46]	161.23[161.01, 161.71]	76.76[75.76, 78.00]	152.14[152.84, 151.34]

五 研究结论与政策建议

本文利用选择实验获取消费者对婴幼儿配方奶粉安全属性的偏好基础数据，运用LCM模型考察了消费者对几种婴幼儿配方奶粉属性的偏好情况，结果发现把消费者分成4个类别是合适的。总体而言，消费者在购买婴幼儿配方奶粉时对有机认证标签、可追溯标签和销售渠道等安全属性较为关注，且愿意为更安全的婴幼儿配方奶粉支付更高的价格。消费者可以分为4个群体，他们的差异性突出表现在对婴幼儿配方奶粉的不同安全属性的偏好和支付意愿上。第1类，表现为对欧盟有机认证标签和中国加欧盟有机认证标签具有更大的偏好，且具有较高支付意愿，称为认证偏好型。第2类在购买婴幼儿配方奶粉时判断其质量的主要参考依据是销售渠道，具体来说，其更偏爱传统的超市销售渠道，对线上销售和药店销售认可度不高，称为渠道偏好型。第3类表现为价格的系数大于其他属性系数，称之为价格敏感型。此类消费者的特点是收入较低，因此其在食品购买过程中把更大权重赋予价格，行为较为保守。另一个可能的解释是此类消费者对各种有机认证标签和可追溯标签的信任程度较低。第4类，对各种有机认证和可追溯标签的支付意愿较高，且对传统的销售渠道超市更偏爱，称为担忧型消费者。基于相关研究结论，提出如下政策建议。

鉴于消费者愿意为各种有机认证标签和可追溯标签支付更高的价格，企业可为拥有更多安全属性标签的婴幼儿配方奶粉制定更高的价格。虽然我国消费者总体而言对婴幼儿配方奶粉的各种安全属性都较为关注，但从表5中支付意愿数据得出，消费者具有异质性，企业应根据不同消费者群体的特点生产差别化产品，以满足其异质性需求。加快婴幼儿配方奶粉乃至乳制品的可追溯体系建设，从而在乳制品质量出现问题时及时追溯到直接责任主体，进行相应处罚并赔偿消费者损失。加强信息交流机制建设，完善信息交流渠道与方式，从而降低消费者对食品安全风险的担忧水平，不断提高其信任程度。

参考文献

[1] 朱洲、俞港：《基于消费者购买行为的农村奶制品市场细分研究》，《农业技术经济》2009年第5期。

[2] Ortega, D. L., Wang, H. H., Olynk, N. J., Wu, L. P., Bai, J. F., "Chinese Consumers' Demand for Food Safety Attributes: A Push for Government and Industry Regulations," *American Journal of Agricultural Economics*, 2012, 94 (2): 489 – 495.

[3] Lefèvre, M., "Do Consumers Pay More for What They Value More? The Case of Local Milk – Based Dairy Products in Senegal," *Agricultural and Resource Economics Review*, 2014, 43 (1): 158 – 177.

[4] Van Loo, E., Diem, M. N. H., Pieniak, Z., Verbeke, W., "Consumer Attitudes, Knowledge, and Consumption of Organic Yogurt," *Journal of Dairy Science*, 2013, 96 (4): 2118 – 2129.

[5] 张彩萍、白军飞、蒋竞：《认证对消费者支付意愿的影响：以可追溯牛奶为例》，《中国农村经济》2014年第8期。

[6] Lancaster, K. J. , "A New Approach to Consumer Theory," *Journal of Political Econom*, 1966, 74 (2): 132 - 157.

[7] 何海泉、周丹：《婴儿奶粉安全性对消费者选择行为的影响》，《财经理论研究》2014 年第 1 期。

[8] Wu, L. H. , Yin, S. J. , Xu, Y. J. , Zhu, D. , "Effectiveness of China's Organic Food Certification Policy: Consumer Preference for Infant Milk Formula with Different Organic Certification Labels," *Canadian Journal of Agricultural Economics*, 2014, 62 (4): 545 - 568.

[9] Zhou, Y. H. , Wang, E. P. , "Urban Consumers' Attitudes Towards the Safety of Milk Powder after the Melamine Scandal in 2008 and the Factors Influencing the Attitudes," *China Agricultural Economic Review*, 2011, 3 (1): 101 - 111.

[10] Loureiro, M. L. , Umberrger, W. J. , "A Choice Experiment Model for Beef: What US Consumer Responses Tell us About Relative Preferences for Food Safety, Country - of - origin Labeling and Traceability," *Food Policy*, 2007, 32 (4): 496 - 514.

[11] Train, K. E. , *Discrete Choice Methods with Simulation*, Cambridge University Press. Second Edition, 2009.

[12] Ouma, E. , Abdulai, A. , Drucker, A. , "Measuring Heterogeneous Preferences for Cattle Traits among Cattle - keeping Households in East Africa," *American Journal of Economics*, 2007, 89 (4): 1005 - 1019.

[13] Hu, W. Y. , Hunnemeyer, A. , Veeman, M. , Adamowicz, W. , Srivastava, L. , "Trading-off Health, Environmental and Genetic Modification Attributes in Food," *European Review of Agricultural Economics* , 2004, 31 (3): 389 - 408.

[14] Andrews, R. L. , Currim, I. S. , "A Comparison of Segment Retention Criteria for Finite Mixture Logit Models," *Journal of Marketing Research*, 2003, 40 (2): 235 - 243.

[15] Van Loo, E. J. , Caputo, V. , "Consumers' Willingness to Pay for Organic Chicken Breast: Evidence from Choice Experiment," *Food Quality and Preference*, 2011, 22 (7): 603 - 613.

[16]《山东统计年鉴》，中国统计出版社，2014。

[17] Lim, K. H. , Hu, W. , Maynanr, L. J. , "Goddard E. U. S. Consumers' Preference and Willingness to Pay for Country - of - Origin - Labeled Beef Steak and Food Safety Enhancements," *Canadian Journal of Agricultural Economics*, 2013, 61 (1): 93 - 118.

[18] Ortega, D. L., Wang, H. H., Wu, L., Olynk, N. J., "Modeling Heterogeneity in Consumer Preference for Select Food Safety Attributes in China," *Food Policy*, 2011, 36 (2): 318 - 324.

[19] Krinsky, I., Robb, A. L., "On Approximating the Statistical Properties of Elasticities," *The Review of Economics and Statistics*, 1986, 68 (4): 715 - 719.

政府监管与政策效果研究

政府施行的病死猪无害化处理的组合性政策对生猪养殖户行为的影响效应研究*

陈秀娟　吕煜昕　许国艳　王晓莉**

摘　要：本文通过对江苏、安徽、湖北和湖南四省生猪养殖密集地区的调查，分析了生猪养殖户对政府施行的病死猪无害化处理组合性政策的认知与评价，研究了现实情境下生猪养殖户处理病死猪的真实行为，并基于决策实验分析法研究了政府组合型政策对生猪养殖户病死猪处理行为的影响效应。研究表明，生猪养殖户的病死猪处理行为十分复杂，受补贴与赔偿型、设施与技术型、监管与处罚型等组合性政策的共同影响，不同类型政策的影响效应各不同且政策互相作用，而监管与处罚型政策是组合性政策中最具影响效应的政策，补贴与赔偿型政策是目前规范生猪养殖户病死猪处理行为亟须完善的政策。

关键词：生猪养殖户　病死猪处理　组合性政策　影响效应　DEMATEL

一　引言

进入21世纪以来，中国的食品质量安全问题成为全球关注的热点话

* 国家社科基金重大项目“食品安全风险社会共治研究”（项目编号：14ZDA069）、江苏高校哲学社会科学优秀创新团队建设项目“中国食品安全风险防控研究”（项目编号：2013-011）、国家自然科学基金项目“基于消费者偏好的可追溯食品消费政策的多重模拟实验研究：猪肉的案例”（项目编号：71273117）、江苏省六大人才高峰资助项目“食品安全消费政策研究：可追溯猪肉的案例”（编号：2012-JY-002）。

** 陈秀娟（1987~），女，浙江金华人，博士，江苏省食品安全研究基地博士后，研究方向为食品安全管理；吕煜昕（1992~　），男，山东淄博人，江南大学商学院硕士研究生，研究方向为食品安全管理；许国艳（1990~　），女，江苏镇江人，江南大学商学院硕士研究生，研究方向为食品安全管理；王晓莉（1974~　），女，江苏南京人，江苏省食品安全研究基地副教授，研究方向为食品安全管理。

题，而猪肉与猪肉制品是发生安全事件最多的食品类别之一[1]。虽然保障猪肉质量安全是一个非常复杂的系统工程，就生产经营的主体而言，涉及生猪养殖、屠宰、加工、运输以及销售等不同环节的多个主体与主体行为间的协同，然而由养殖户掌控的作为生产源头的养殖环节是影响猪肉质量安全的最基础、最关键的环节[2~3]。目前影响猪肉质量安全最主要的行为是生猪养殖户不规范地使用兽药、滥用饲料添加剂、非法出售病死猪等[4~5]，特别是目前养殖户为降低损失而导致病死猪肉流入市场的质量安全事件呈不断上升趋势。2013 年 3 月初黄浦江死猪事件发生后，全国诸多地区陆续曝光了影响程度不同的病死猪肉流入市场的事件①。最令人触目惊心的是，2015 年央视新闻报道江西高安市病死猪肉流入 7 个省市。因此，病死猪处理问题成为全社会重点关注的猪肉质量安全问题之一[6]。

虽然病死猪是生猪养殖过程中的必然产物，而且病死猪肉流入市场或乱扔乱抛等的成因非常复杂，但如果作为处理病死猪主体的生猪养殖户能够承担无害化处理的“第一”责任，就在源头上堵住了病死猪的买卖市场，也能避免或乱扔乱抛等影响环境的行为。实际上，为了确保生猪养殖户无害化处理病死猪，政府相关部门出台实施了一系列政策法规，如 2007 年修订施行的《中华人民共和国动物防疫法》，2014 年商务部颁布实施的《国务院办公厅关于建立病死畜禽无害化处理机制的意见》，以及 2015 年 4 月起正式实施的《农业保险承保理赔管理暂行办法》等，并由此逐步形成了规范养殖户病死猪处理行为的组合性政策。然而，由于现实生活中直接从事生猪养殖的农户具有理性有限、受教育程度低、年龄偏大等基本特征，因此其对政府相关政策法规的认知程度较低，不同程度上弱化了相关政策的实施效果[7~8]。换而言之，生猪养殖户对病死猪无害化处理相关政策的认知程度，可以在一定程度上反映当前病死猪无害化处理政策的执行状况。与此同时，政府制定病死猪无害化处理政策是为了规范生猪养殖户的行为，故养殖户对不同政策影响其病死猪处理行为程度的评价是分析现有政策组合中何种政策最有效的依据之一。基于此，实地调查生猪养殖户

---

① 食品伙伴网，http：//news. foodmate. net/tag_ 148_ 1. html。

对政府实施的规范病死猪处理行为的不同政策的认知与评价，研究不同类型政策与政策组合对生猪养殖户病死猪处理行为的影响效应，是本文研究的主要目的。

二 文献回顾与研究方法

（一）文献回顾

目前国外学者对生猪养殖户（场）病处理死猪问题的研究主要围绕动物福利以及病死猪处理技术等问题而展开。Te Velde 等和 Li 的研究结果显示，生猪养殖户的动物福利意识影响生猪的死亡率，动物福利意识的淡薄可能导致生猪死亡率的提高，从而产生猪肉安全风险并导致对生态环境的污染[9~10]。而 Glanville 的研究指出，虽然深埋的成本最低且操作简单，但是这种处理方式会导致环境污染尤其是会污染地下水源[11]。由于好氧发酵技术属于生物技术，安全性高，符合无害化处理的理念[12]，因此是最适合处理病死猪的技术，且已被广泛采用[13]。

与国外的研究相比较，国内学者的研究主要围绕病死猪处理现状与生猪养殖户的病死猪处理行为及影响因素等[5,14~17]。目前我国病死猪流入市场或随意丢弃的比例较高[18]。张跃华和邬小撑对 1131 位生猪养殖户的研究结果表明，受教育程度与养殖年限对养殖户病死猪出售行为具有正向影响[4]。吴林海等的研究指出，病死猪无害化处理的成本压力，以及对经济收益的追求是养殖户不规范处理病死猪行为的主要原因[8]。与此同时，家庭人口数、家庭养殖收入占总收入的比重等养殖户的家庭特征也在不同程度上影响其病死猪处理行为[8]，而且生猪养殖户的年龄、道德责任感以及养殖规模对其病死猪无害化处理行为影响显著[19]，生猪养殖规模越大，病死猪处理行为就越规范可能是一般特征[20]。

总体而言，国内学者目前大多将影响养殖户病死猪处理行为的因素归结为养殖户的自身因素。但近年来学者们也逐步对政策环境因素与养殖户病死猪处理行为的相关性展开了研究。例如，乔娟和刘增金的研究认为，生猪养殖户随意丢弃和非法出售病死猪的重要原因在于无害化处理补贴与保险补贴政策实施范围有限和政府监管体系不完善[20]。刘殿友的研究指出，生猪保险政策对养殖户的病死猪处理行为选择有着重要的作用，在没有保险的情况下，养殖户往往会低价出售病死猪，以减少自己的损失[21]。徐卫青等对黄浦江死猪事件的研究发现，由于政府监管存在漏洞，因此部分生猪养殖户随意丢弃病死猪[22]。李立清和许荣的研究认为，无害化处理设施是否健全与便捷、是否有关于病死猪处理的专业化培训、有无病死猪地下市场对生猪养殖户的病死猪处理行为具有显著的影响[17]。连俊雅的研究表明，我国法律对病死猪随意丢弃处理行为的惩罚力度较轻，缺少威慑力，助长了乱扔乱抛病死猪现象的发生[23]。但总体而言，目前鲜见生猪养殖户对影响其病死猪处理行为的政策重要性评价的文献，也未见系统研究并计量组合政策对生猪养殖户病死猪处理行为影响效应的文献。进一步考察，实际上自 2007 年以来中央政府就出台了一系列政策以规范养殖户的病死猪处理行为，地方政府也出台了相应的实施细则或贯彻意见，形成了规范养殖户病死猪处理行为的政策组合体系。因此，本文拟在根据政策的不同属性对其进行科学分类的基础上，研究组合性政策对生猪养殖户病死猪处理行为的影响效应与影响机理，试图弥补目前研究的空白，并对政府精准实施规范生猪养殖户病死猪处理行为的政策体系提供决策依据。

（二）研究方法

决策实验分析法（Decision Making Trial and Evaluation Laboratory，DEMATEL）是一种用来筛选复杂系统中主要因素的方法，该方法是通过各个因素在系统中的相互关系构建得出因素间的直接影响矩阵，由因素间的直接影响矩阵可获知各个因素对其他因素的影响度及被影响度，进而可计算出各个因素的中心度和原因度，最终得出系统中的主要因素[24-25]。因此，本文主要采用决策实验分析法研究不同类型政策对生猪养殖户病死猪处理行为的影响效应，重点研究不同类型政策间的因果关系，评估不同类型的政策对养殖户病死猪处理行为的影响程度，为政府更好地完善病死猪无害化处理政策提供科学依据。

具体而言，分析方法如下所示。

步骤1：确定影响生猪养殖户病死猪处理行为的政策类型与每一类别政策所包含的主要政策因素。假设 D_1、D_2、D_3 分别代表补贴与赔偿型政策、设施与技术型政策和监管与处罚型政策。其中，d_1、d_2 分别代表病死猪无害化处理补贴与病死猪保险赔偿；d_3、d_4、d_5 分别代表病死猪无害化处理设施的健全性与便捷性、病死猪无害化处理的技术水平和病死猪无害化处理专业知识的培训；d_6、d_7、d_8 分别代表病死猪地下市场交易的执法能力、对病死猪违法处理行为的处罚力度和防疫站对病死猪处理的监管力度①。

步骤2：考察不同类型的主要政策因素间的影响关系。本文主要通过对生猪养殖户进行实地调查，根据其对不同政策因素重要程度的评价，采用回归估计方法确定不同政策因素间的直接影响矩阵。不同政策因素之间的直接影响矩阵为 A。

$$A = \begin{bmatrix} d_{11} & d_{12} & \cdots & d_{1j} & \cdots & d_{18} \\ d_{21} & d_{22} & \cdots & d_{2j} & \cdots & d_{28} \\ \vdots & \vdots & \cdots & \vdots & \cdots & \vdots \\ d_{i1} & d_{i2} & \cdots & d_{ij} & \cdots & d_{i8} \\ \vdots & \vdots & \cdots & \vdots & \cdots & \vdots \\ d_{81} & d_{82} & \cdots & d_{8j} & \cdots & d_{88} \end{bmatrix} \tag{1}$$

式（1）中，政策因素 d_{ij} 表示两个政策因素间的直接影响关系，即政策因素 i 对政策因素 j 的直接影响程度（i 和 j 分别为 1，2，…，8），若 $i=j$，则 $d_{ij}=0$。

步骤3：计算规范化的直接影响矩阵 D。

$$D = z \times A,\ z = \min\left(1/\max_i \sum_{j=1}^{8} d_{ij}, 1/\max_j \sum_{i=1}^{8} d_{ij}\right) \tag{2}$$

步骤4：计算各政策因素之间的总影响矩阵 T［$T=(t_{ij})_{8\times 8}$］。

$$T = D(I-D)-1 \tag{3}$$

---

① 由于对病死猪无害化处理的监督管理是由基层机构的卫生防疫站人员去现场检查，因此，在本文中卫生防疫站对病死猪的处理力度在一定程度上可以代表当地对病死猪无害化处理的监管力度的大小。

步骤 5：计算各个政策因素的影响度和被影响度，将总影响矩阵 T 的行和列的和分别表示为列向量 r 和 s 。

$$r_i = \sum_{j=1}^{8} t_{ij} \tag{4}$$

$$s_i = \sum_{j=1}^{8} t_{ji} \tag{5}$$

式（4）中，r_i 是政策因素 i 的影响度；式（5）中，s_i 是政策因素 i 的被影响度。$r_i + s_i$ 代表政策因素 i 的影响度和被影响度相加得到的中心度，表示该政策因素在所有政策因素中所起作用的大小，中心度越大，表明该政策因素对生猪养殖户病死猪处理行为的影响效应越大。$r_i - s_i$ 代表政策因素 i 的影响度和被影响度相减得到的原因度，其中，$r_i - s_i > 0$ 表明在对生猪养殖户病死猪处理行为的影响效应中，该政策因素起主动的作用，称之为原因因素；$r_i - s_i < 0$ 表明在对生猪养殖户病死猪处理行为的影响效应中，该政策因素是被动的，称之为结果因素。

步骤 6：计算各类型政策的影响效应（影响度、被影响度、中心度和原因度）。基于政策因素所具备的不同类型，将总影响矩阵 T 转化为 T_D 矩阵。

$$T_D = \begin{bmatrix} t_D^{11} & \cdots & t_D^{1j} & \cdots & t_D^{1n} \\ \vdots & & \vdots & & \vdots \\ t_D^{i1} & \cdots & t_D^{ij} & \cdots & t_D^{in} \\ \vdots & & \vdots & & \vdots \\ t_D^{n1} & \cdots & t_D^{nj} & \cdots & t_D^{nn} \end{bmatrix} \tag{6}$$

式（6）中，矩阵 T_D 的行和列的和分别表示不同政策类型的影响度和被影响度。

三　问卷设计、样本特征与相关统计性分析

目前从中央政府到地方政府实施的规范养殖户病死猪处理行为的多种政策，实际上可大致归纳为 3 种类型。第一，补贴与赔偿型政策，主要是

病死猪无害化处理补贴与保险赔偿政策，生猪养殖户获得此类政策的基本前提是其在生猪死亡后向当地畜牧部门报备，并在监管人员的监督下实施病死猪无害化处理。此类型政策的基本特征是能够在一定程度上弥补生猪养殖户的经济损失，缓解其无害化处理的成本压力，且施行效果与政府畜牧防疫部门的工作效率高度相关。第二，设施与技术型政策，主要是为养殖户无害化处理病死猪提供健全与便捷的相关设施、无害化处理技术与专业知识培训①。此类型政策的基本特征是确保生猪死亡后养殖户能及时并且科学地实施无害化处理。第三，监管与处罚型政策，主要是对生猪养殖户病死猪无害化政策进行监管，对病死猪地下交易市场进行打击等。此类型政策的基本特征是政府监管部门为确保补贴与赔偿型政策、设施与技术型政策的实施效果而采取监督与处罚手段。根据前文所述，不同类型政策之间均不同程度地存在直接或间接的相互影响。因此，只有 3 种类型的政策相互组合与协同作用，才能在目前现实背景下最有效地规范养殖户的病死猪处理行为。据此设计调查问卷，调查的重点问题是生猪养殖户对病死猪处理政策的认知、对政策重要程度的评价以及现实情境下的病死猪处理行为。

江苏省食品安全研究基地调查小组于 2015 年 10 月对江苏、安徽、湖北与湖南 4 个省展开了具体的调查。选择这 4 个省份的主要原因是，不同省份且不同类型的生猪养殖户对政府病死猪处理政策的认知具有差异性，进而影响其病死猪处理行为。为了能够大体了解与刻画全国主要生猪养殖区域内不同层次与不同规模的生猪养殖户对病死猪处理政策的认知状况，本文的研究选择生猪养殖年出栏量与农村发展水平具有相对差异性的江苏、安徽、湖北与湖南 4 个省份（见表 1）。调查之前对江苏省南通市②不同规模的生猪养殖户进行了预调查，并在修正问卷所存在问题的基础上对 4 个省份进行调查。在实际调查中，考虑到受访养殖户的受教育程度，为

① 2014 年 10 月国务院办公厅印发的《关于建立病死畜禽无害化处理机制的意见》中指出："无害化处理设施建设用地要按照土地管理法律法规的规定，优先予以保障。无害化处理设施设备可以纳入农机购置补贴范围。" 2015 年阳光工程政策为了提升农户的综合素质和生产经营技能，对其免费展开专项技术培训和职业技能培训。

② 江苏省南通市农业委员会公布的数据显示，南通市生猪养殖种类较多，不同层次的养殖户齐全，满足预调查的需要。

避免受访者对所调查问题可能存在的认识上的偏误，本次调查采用一对一的访谈方式并当场由调查人员完成问卷填写，共获取有效问卷 404 份（见表 2）。

表 1　调查地区 2013 年生猪年出栏量及农村居民人均收入水平

省　份	生猪年出栏量（万头）	全国排名	农村居民人均收入（元）	全国排名（位）
江　苏	3049.6	11	13598	5
安　徽	2971.5	12	8098	20
湖　北	4356.4	5	8867	13
湖　南	5902.3	3	8372	17

资料来源：各省统计公报。

表 2 是调查样本的分布状况，表 3 则主要描述了受访的生猪养殖户（以下简称受访者）的基本统计特征。表 3 显示，受访者中 65.8% 是男性，50.2% 的受访者的年龄为 45～59 岁，78.4% 的受访者的受教育程度为初中及以下。需要指出的是，49.8% 的受访者养猪收入占家庭总收入的比例在 30% 及以下，65.3% 的受访者家庭中的饲养劳动力占家庭总人口的比例在 30% 及以下。本次调查样本包含散户、专业化生猪养殖户和规模化生猪养殖企业（场）①，占样本的比例分别为 45.8%、38.9% 和 15.3%，包含了不同养殖规模的养殖户。

表 2　调查的样本分布

省　份	有效样本量（个）	比例（%）
江　苏	110	27.2
安　徽	98	24.3
湖　南	96	23.8
湖　北	100	24.8
总　体	404	100

① 当前，我国生猪养殖业主要可以划分为散养、专业化养殖和规模化生猪养殖企业 3 种经营形式。借鉴孙世民的研究，本文主要将养殖规模划分为年出栏低于 50 头的散养户、50～500 头的专业化生猪养殖户、500 头以上的生猪养殖企业（场）。

表 3　受访者的基本统计特征描述

类　别	性　别		类　别	年　龄	
	样本量（个）	比例（%）		样本量（个）	比例（%）
男	266	65.8	≤44 岁	80	19.8
女	138	34.2	45～59 岁	203	50.2
			≥60 岁	121	30.0
类　别	受教育程度		类　别	年出栏量	
	样本量（个）	比例（%）		样本量（个）	比例（%）
小学及以下	165	40.8	<50 头	185	45.8
初中	152	37.6	50～500 头	157	38.9
高中及以上	87	21.5	>500 头	62	15.3
类　别	养猪收入占总收入比		类　别	家庭饲养劳动力占家庭总人口比	
	样本量（个）	比例（%）		样本量（个）	比例（%）
30%及以下	201	49.8	30%及以下	264	65.3
31%～50%	79	19.6	31%～50%	86	21.3
51%～80%	71	17.6	51%～80%	31	7.7
80%以上	53	13.1	80%以上	23	5.7

表 4 是受访的生猪养殖户对病死猪处理相关政策的认知情况。表 4 显示，受访者对生猪保险政策与病死猪无害化处理补贴政策的认知程度较高，分别有 49.5% 和 41.8% 的受访者表示非常了解，但病死猪无害化处理补贴的获得率及保险赔偿率较低，分别仅有 23.3% 和 3.2% 的受访者表示获得过无害化处理补贴与病死猪保险赔偿。没有获得无害化处理补贴的受访者大多是散户或因手续麻烦而未向防疫部门申报，而未能获得生猪保险赔偿的主要原因是养殖规模须在 3000 头及以上才有资格参险。当问及当地是否有病死猪无害化处理知识培训时，绝大多数受访者表示有相关知识的普及活动。

表 5 显示，虽然有 84.7% 的受访者选择了无害化处理病死猪的行为，但是依然有 11.1% 的受访者表示仍然有出售病死猪的行为，甚至有个别受访者表示在病死猪深埋后仍会将病死猪挖出销售。在调查的 4 个省份中，所有受访者均表示当地没有病死猪无害化的集中处理设施，无害化处理的主流方式依然是深埋。由此可见，调查地区病死猪无害化处理的技术水平较低，病死猪无害化处理的便利性较差。进一步分析表 5 的数据，分别有

表 4　受访者对病死猪处理相关政策的执行与认知情况

类　别		样本量（人）	比例（%）
生猪保险政策	非常不了解	34	8.4
	不太了解	79	19.6
	一般了解	37	9.2
	比较了解	54	13.4
	非常了解	200	49.5
病死猪无害化处理补贴政策	非常不了解	43	10.6
	不太了解	87	21.5
	一般了解	46	11.4
	比较了解	59	14.6
	非常了解	169	41.8
有无病死猪无害化处理知识培训	有	308	76.2
	无	96	23.8
是否获得无害化处理补贴	是	94	23.3
	否	248	61.4
	未无害化处理	62	15.3
有无获得病死猪保险赔偿	有	13	3.2
	无	391	96.8

24.5% 和 20.3% 的受访者表示当地对病死猪地下市场的打击力度比较大和非常大，20.3%、47.5% 的受访者认为政府对病死猪违法处理行为的处罚力度比较大和非常大。与此同时分别有 25.0%、33.2% 的受访者认为当地防疫部门对病死猪处理的监管力度比较大和非常大，对约束与规范养殖户的病死猪处理行为起到了重要作用。

鉴李中东和孙焕的研究成果[26]，问卷将受访者对不同政策因素的重要程度评价划分为 4 个等级，用 1～4 表示，“1” 表示 “非常不重要”，“4” 表示 “非常重要”①，数值越高，表示该政策因素对养殖户病死猪处理行为的影响越大。受访者对不同政策因素的重要程度评价情况如表 6 所示。

① 现有采用 DEMATEL 法的文献中，大多用 “0” 表示 “完全没有影响”，用 “4” 表示 “有非常大的影响”。由于我国制定的政策因素对生猪养殖户病死猪处理行为或多或少存在影响，且参考李中东和孙焕的研究，本文用 1～4 来表示不同政策因素的不同重要程度。

表 5　受访者病死猪处理行为与当地政府病死猪处理行为的监管处罚状况

	分　类	样本量（个）	比例（%）
病死猪处理行为	深　埋	298	73.8
	焚　烧	11	2.7
	丢　弃	17	4.2
	出　售	45	11.1
	化　尸	33	8.2
对病死猪地下交易市场的打击力度	非常小	17	4.2
	比较小	145	35.9
	一　般	61	15.1
	比较大	99	24.5
	非常大	82	20.3
对病死猪非法处理行为的处罚力度	非常小	9	2.2
	比较小	71	17.6
	一　般	50	12.4
	比较大	82	20.3
	非常大	192	47.5
当地防疫站对病死猪处理的监管力度	非常小	34	8.4
	比较小	46	11.4
	一　般	89	22.0
	比较大	101	25.0
	非常大	134	33.2

表 6　受访者对不同政策因素重要程度的评价情况

政策类型	政策因素	数　值	样本量（个）	比例（%）
补贴与赔偿型政策	病死猪无害化处理补贴	1	76	18.8
		2	102	25.2
		3	109	27.0
		4	117	29.0
	病死猪保险赔偿	1	53	13.1
		2	80	19.8
		3	114	28.2
		4	157	38.9

续表

政策类型	政策因素	数 值	样本量（个）	比例（%）
设施与技术型政策	病死猪无害化处理设施健全性与便捷性	1	33	8.2
		2	123	30.4
		3	170	42.1
		4	78	19.3
	病死猪无害化处理的技术水平	1	56	13.9
		2	168	41.6
		3	142	35.1
		4	38	9.4
	病死猪无害化处理专业知识的培训	1	76	18.8
		2	186	46.0
		3	102	25.2
		4	40	9.9
监管与处罚型政策	病死猪地下市场交易的执法能力	1	38	9.4
		2	51	12.6
		3	159	39.4
		4	156	38.6
	对病死猪违法处理行为的处罚力度	1	34	8.4
		2	48	11.9
		3	136	33.7
		4	186	46.0
	防疫站对病死猪处理的监管力度	1	34	8.4
		2	48	11.9
		3	136	33.7
		4	186	46.0

四 不同类型的政策对养殖户病死猪处理行为的影响效应

本文的研究数据直接来源于生猪养殖户关于政策因素对其病死猪处理行为的影响程度评价的调查。借鉴李中东和孙焕的研究成果[26]，本文采用最小二乘法计算各政策因素间的直接影响系数，而并非通过传统的专家打分法。本文采用如下的线性回归模型：

$$d_j = c + \beta_{ij} d_i + \varepsilon_{ij} \tag{7}$$

式（7）中，回归系数 β_{ij} 表示政策因素 d_i 重要程度分值对政策因素 d_j 重要程度分值的矢量影响，即政策因素 d_i 重要程度的变化对政策因素 d_j 重要程度所产生的影响；ε_{ij} 为误差项。回归系数均通过了 T 检验，在1% 水平上显著（β_{47} 和 β_{74} 的回归系数，在5% 水平上显著）。在回归结果中，回归系数 β_{ij} 的绝对值就是直接影响矩阵 A 中的 d_{ij}。表 7 显示的是不同政策因素之间的直接影响矩阵 A。经过式（2）、式（3）的计算，可得出表 8 所示的影响生猪养殖户病死猪处理行为的政策因素间的总影响矩阵 T。根据式（4）、式（5）和式（6），可以计算不同类型政策的影响效应，计算结果如表 9 所示。

表 7　不同政策因素之间的直接影响矩阵 A

政策因素	d_1	d_2	d_3	d_4	d_5	d_6	d_7	d_8
d_1	0. 000	0. 647	0. 180	0. 263	0. 361	0. 207	0. 189	0. 190
d_2	0. 664	0. 000	0. 252	0. 263	0. 209	0. 263	0. 280	0. 235
d_3	0. 283	0. 387	0. 000	0. 558	0. 491	0. 317	0. 191	0. 264
d_4	0. 458	0. 447	0. 617	0. 000	0. 722	0. 266	0. 149	0. 208
d_5	0. 572	0. 324	0. 494	0. 657	0. 000	0. 307	0. 161	0. 268
d_6	0. 283	0. 351	0. 275	0. 209	0. 264	0. 000	0. 813	0. 908
d_7	0. 256	0. 370	0. 165	0. 115	0. 138	0. 806	0. 000	0. 756
d_8	0. 271	0. 326	0. 239	0. 170	0. 240	0. 946	0. 795	0. 000

表 8　影响生猪养殖户病死猪处理行为的政策因素间的总影响矩阵 T

政策因素	d_1	d_2	d_3	d_4	d_5	d_6	d_7	d_8
d_1	0. 486	0. 667	0. 433	0. 455	0. 507	0. 590	0. 519	0. 550
d_2	0. 684	0. 522	0. 467	0. 470	0. 490	0. 640	0. 575	0. 596
d_3	0. 681	0. 717	0. 479	0. 633	0. 652	0. 749	0. 633	0. 692
d_4	0. 793	0. 799	0. 700	0. 540	0. 767	0. 796	0. 671	0. 732
d_5	0. 803	0. 758	0. 657	0. 698	0. 564	0. 796	0. 668	0. 738

续表

政策因素	d_1	d_2	d_3	d_4	d_5	d_6	d_7	d_8
d_6	0.806	0.854	0.651	0.624	0.685	0.895	0.998	1.065
d_7	0.704	0.759	0.545	0.522	0.571	0.990	0.695	0.931
d_8	0.784	0.828	0.626	0.599	0.662	1.110	0.979	0.822

表 9 是不同类型政策对生猪养殖户病死猪处理行为影响效应的计算结果。从影响度来看，监管与处罚型政策（ D_3 ）具有最高的影响度。这一结果表明，监管与处罚型政策对补贴与赔偿型政策、设施与技术型政策的影响度最大。现有政策规定，病死猪无害化处理补贴与保险赔偿领取的前提条件是（除设置养殖规模的政策下限外），养殖户必须向当地畜牧防疫站申请并在有效监督下按要求无害化处理病死猪。模型的计算结论与实际的调查结果一致。表 5 和表 6 的调查数据显示，只要当地的畜牧防疫保持一定的监管与处罚力度，即便养殖户没法领取病死猪无害化处理补贴或生猪保险赔偿，绝大多数养殖户也会采用深埋、投入化尸池和焚烧等无害化的方式处理病死猪。

从中心度来看，监管与处罚型政策（ D_3 ）的中心度为 4.582，明显高于补贴与赔偿型政策、设施与技术型政策的中心度。这一结果表明，监管与处罚型政策对生猪养殖户病死猪处理行为最具有影响效应，在 3 类政策中处于核心地位。这一结果与吴林海等[5]运用计算仿真实验得出的研究结果高度吻合。

从原因度来看，3 类政策的原因度有正有负。这一结果说明，3 类政策对生猪养殖户病死猪处理行为的影响是一个交叉且复杂的过程[8]。补贴与赔偿型政策（ d_1 ）属于结果性的类型政策，设施与技术型政策（ d_2 ）和监管与处罚型政策（ d_3 ）属于原因性的类型政策。具体表现为监管与处罚型政策→设施与技术型政策→补贴与赔偿型政策①。由此表明，设施与技术型政策、监管与处罚型政策可以通过补贴与补偿型政策的传导作用影响生猪养殖户的病死猪处理行为。设施与技术型政策是主要的原因性类

① 文中的“→”表示影响的方向。

型政策，此结果说明规范生猪养殖户病死猪处理行为的关键是为养殖户提供便捷的处理设施与科学知识的培训。这一结果与李立清和许荣[17]的研究结论相吻合。

表 9　总样本的 DEMATEL 求解结果

政策类型	r_i	s_i	$r_i - s_i$	$r_i + s_i$	政策因素	r_i	s_i	$r_i - s_i$	$r_i + s_i$
D_1	1.638	2.137	-0.499	3.776	d_1	4.207	5.741	-1.534	9.948
					d_2	4.444	5.904	-1.460	10.348
D_2	2.111	1.712	0.399	3.823	d_3	5.237	4.557	0.680	9.794
					d_4	5.800	4.541	1.258	10.341
					d_5	5.683	4.898	0.784	10.581
D_3	2.341	2.241	0.100	4.582	d_6	6.579	6.565	0.013	13.144
					d_7	5.717	5.739	-0.023	11.456
					d_8	6.409	6.127	0.282	12.536

五　主要研究结论

本文采用决策实验法（DEMATEL），基于对江苏、安徽、湖南、湖北四省 404 位生猪养殖户的调查，研究了政府规范病死猪处理行为的组合性政策的影响效应，对政府精准实施规范生猪养殖户病死猪无害化处理行为的组合政策体系具有参考价值。本文研究的主要结论如下：①实践已反复证实，现阶段生猪养殖户具有受教育程度低、年龄偏大等基本特征，部分养殖户可能受困于经济状况与技术水平，出于改善生活水平的迫切需要，往往选择与公共利益相悖的行为而并不采用无害化方式处理病死猪，但养殖户的病死猪处理行为又客观受到政府补贴与赔偿型、设施与技术型、监管与处罚型等政策与政策组合形成的复合作用的共同影响，由此内在地决定了政府规范生猪养殖户的病死猪处理行为是一个复杂的过程；②在组合性政策中，监管与处罚政策是对生猪养殖户病死猪处理行为最具有影响效应的政策，即强化监管与加大打击违法行为的力度对规范生猪养殖户的病死猪处理行为最具有影响；③不同类型的政策相互作用，且对生猪养殖户病死猪处理行为的影响路径与机理各不相同，表现为补贴与赔偿型政策是结果类政策，设施与技术型政策、监管与处罚型政策是原因类政策，即补贴与赔偿型政策属于最直接的政策，是规范生猪养殖户病死处理行为首先需要完善的政策，监管与处罚型政策则是目前规范生猪养殖户病死猪处理行为最间接的政策，需要通过补贴与赔偿型政策的引导作用对生猪养殖户的病死猪处理行为产生影响。

参考文献

[1] 吴林海、王淑娴、朱淀：《消费者对可追溯食品属性偏好研究：基于选择的联合分析方法》，《农业技术经济》2015 年第 4 期。

[2] Sadiwnyk, M., "Food Traceability in Canada," *Electronic Commerce Council of Canada*, 2004.

[3] 孙世民：《基于质量安全的优质猪肉供应链建设与管理探讨》，《农业经济问题》2006 年第 4 期。

[4] 张跃华、邬小撑：《食品安全及其管制与养猪户微观行为——基于养猪户出售病死猪及疫情报告的问卷调查》，《中国农村经济》2012 年第 7 期。

[5] 吴林海、许国艳、Hu Wuyang：《生猪养殖户病死猪处理影响因素及其行为选择——基于仿真实验的方法》，《南京农业大学学报》（社会科学版）2015 年第 2 期。

[6] 吴林海、徐玲玲、尹世久：《中国食品安全发展报告（2015）》，北京大学出版社，2015 年。

[7] 杨惠芳：《生猪面源污染现状及防治对策研究——以浙江省嘉兴市为例》，《农业经济问题》2013 年第 7 期。

[8] 吴林海、许国艳、王晓莉：《基于 DANP 法识别影响养殖户病死猪处理行为的关键因素》，《中国农学通报》2015 年第 11 期。

[9] Te Velde, H., Aarts, N., Van Woerkum, C., "Dealing with Ambivalence: Farmers' and Consumers' Perceptions of Animal Welfare in Livestock Breeding," *Journal of Agricultural and Environmental Ethics*, 2002, 15 (2): 203 - 221.

[10] Li, P. J., "Exponential Growth, Animal Welfare, Environmental and Food Safety Impact: The Case of China's Livestock Production," *Journal of Agricultural and Environmental Ethics*, 2009, 22 (3): 217 - 240.

[11] Glanville, T., "Impact of Livestock Burial on Shallow Groundwater Quality," *Proc*

American Society of Agricultural Engineers, 2000.

[12] Keener, H. M., Elwell, D. L., Monnin, M. J., "Procedures and Equations for Sizing of Structures and Windrows for Composting Animal Mortalities," *Applied Engineering in Agriculture*, 2000, 16 (6): 681 – 692.

[13] Fulhage, C., Ellis, C., "Composting Dead Swine," *University Extension*, *University of Missouri – System*, 1996.

[14] 朱建军、黄薇、曾雄：《病死猪的无害化处理方法》，《畜禽业》2011 年第 7 期。

[15] 石磊、石银亮、康美红、王许艳、季晶晶、高德玉：《规范化处理病死猪是生态文明建设不可忽视的内容——病死猪的无害化处理现状、存在问题及解决对策探讨》，《中国畜牧兽医文摘》2012 年第 11 期。

[16] 李海峰：《猪场病死猪处理之我见》，《畜禽业》2013 年第 9 期。

[17] 李立清、许荣：《养殖户病死猪处理行为的实证分析》，《农业技术经济》2014 年第 3 期。

[18] 薛瑞芳：《病死畜禽无害化处理的公共卫生学意义》，《畜禽业》2012 年第 11 期。

[19] 张雅燕：《养猪户病死猪无害化处理行为影响因素实证研究——基于江西养猪大县的调查》，《生态经济》（学术版）2013 年第 2 期。

[20] 乔娟、刘增金：《产业链视角下病死猪无害化处理研究》，《农业经济问题》2015 年第 2 期。

[21] 刘殿友：《生猪保险的重要性，存在问题及解决方法》，《养殖技术顾问》2012 年 2 期。

[22] 徐卫青、雷胜辉：《对规模化猪场病死猪无害化处理的再思考》，《今日养猪业》2013 年第 3 期。

[23] 连俊雅：《从法律角度反思"死猪江葬"生态事件》，《武汉学刊》2013 年第 3 期。

[24] Hori, S., Shimizu, Y., "Designing Methods of Human Interface for Supervisory Control Systems," *Control Engineering Practice*, 1999, 7 (11): 1413 – 1419.

[25] Wu, W. W., Lee, Y. T., "Developing Global Managers' Competencies Using the Fuzzy DEMATEL Method," *Expert Systems with Applications*, 2007, 32 (2): 499 – 507.

[26] 李中东、孙焕：《基于 DEMATEL 的不同类型技术对农产品质量安全影响效应的实证分析——来自山东、浙江、江苏、河南和陕西五省农户的调查》，《中国农村经济》2011 年第 3 期。

食品防护中的内部人举报：行为机理与激励机制*

位珍珍　周　孝　周清杰**

摘　要：恶意掺杂使假与蓄意污染所引起的食品安全问题，严重威胁我国社会稳定与经济发展。因此，必须切实提高食品安全监管效率和食品防护水平，而根本性的问题在于消除监管部门与食品生产经营企业之间的严重信息不对称。理论研究与现实经验表明，构建食品安全内部人举报制度是解决信息不对称问题、有效提高监管效率、节省监管成本与增进社会福利的重要可行措施。为了提高对食品安全内部人举报的认识，本文对食品防护情境下的企业内部人行为机理及其与监管部门的互动关系进行了博弈分析，试图为构建和完善这一制度提供理论支持。本文重点考察了知情内部人举报决策的影响因素及其对监管效率的影响，从而探讨了提高监管效率的有效途径。最后，根据理论研究结果，本文提出了有助于改进食品防护工作和保障社会福利的政策与建议。

关键词：食品防护　内部人举报　激励机制　蒙特卡罗模拟

一　引言

从2008年的“三鹿奶粉”事件，到2011年的“双汇瘦肉精”事件，

---

*　国家社科基金项目“食品防护情境下内部举报行为之激励机制研究”（项目编号：15BJL032）、国家社科重大项目“食品安全风险社会共治研究”（项目编号：14ZDA069）的阶段性成果。

**　位珍珍，河南项城人，中央财经大学国防经济与管理研究院硕士研究生；周孝，湖南益阳人，中国人民大学经济学院博士研究生；周清杰（通讯作者），河南沁阳人，北京工商大学经济学院教授、经济学博士。

再到2014年的“福喜过期肉”事件，层出不穷的食品安全事件表明①：受追逐非法利润、市场恶性竞争、社会矛盾激化乃至恐怖主义兴起等因素的影响，食品生产经营中广泛存在生物、化学、物理等方面的恶意掺杂使假与蓄意污染破坏，因而日益成为国计民生和社会稳定的严重威胁②。特别的，这些非传统食品安全问题所具有的人为性、组织性、隐蔽性等特征，极大增加了食品防护与保障食品安全的困难，这就要求我们不断探索更加有效的应对机制与解决方案。

食品生产经营企业是食品安全问题产生的主要根源，而约束和规范其行为无疑是食品防护的中心内容。其中，除了声誉机制[1~2]等市场化途径外，食品安全监管部门的直接监管是食品防护的重要方式。但是，信息不对称的存在将严重阻碍监管部门作用的有效发挥。与被监管者相比，监管部门天然处于信息劣势地位。而食品行业规模的不断扩张与生产加工专业化程度的不断提高，将使这一劣势日益明显。因此，消除信息不对称是提高监管效率、完善食品防护、保障食品安全水平的难点和关键点[3]。

食品防护可以视为单个委托人（监管部门）与多个代理人（食品生产经营企业）之间的互动③，而严重的食品安全问题则是群体性败德的结果[4]。要想解决信息不对称以及相应的群体性败德问题，可以采取正式和非正式两类方式：前者是指引入独立、专业的第三方来监督代理人的行为[5~7]，包括建立行业协会、引入第三方检测机构等；而后者则是加强代理人之间的相互监督[8~10]，如引入锦标赛制度、鼓励知情人举报等。“福喜过期肉”事件等食品安全问题的相关处理经验表明，监管部门可以将鼓励知情人或内部人举报作为解决信息不对称问题、提高监管效率的重要途径。相比于监管部门，企业内部人员或其他知情人员更加了解企业的违法犯罪与不道德行为。他们的举报能够帮助监管部门及时发现或制止企业的

---

① 关于我国食品安全事件的详尽信息，可参见中国食品安全网（http：//www. cfsn. cn/）。

② 笔者所在课题组于2014年对北京地区的消费者进行了抽样问卷调查，旨在了解消费者对当前食品安全现状的认知情况与满意程度。调查结果显示，大部分人对食品安全现状心存担忧：在4300多个受访者中，对食品安全现状比较满意的受访者仅占18.1%。

③ 监管部门同时也是政府部门以及全体公民的代理人，但这里我们仅考虑监管部门的委托人身份：从广义上说，可以将监管部门作为食品生产经营企业的委托人，前者委托后者生产安全可靠的食品从而保障全社会的食品安全。

不当行为，从而有效提高监管效率和防护水平。也就是说，在继续发挥第三方监管作用的同时，可以制定和完善食品生产经营企业内部人举报制度，鼓励内部知情人通过举报这一方式来帮助监管部门更好地完成食品防护工作。

事实上，内部人举报制度早已存在于世界各国，并在保护公共利益方面发挥了重要作用[11~12]。但是，促进和推广这一制度仍然面临许多障碍，这主要包括两个方面：其一，举报需要举报者在公德与私德、公利与私利之间做出选择，推广举报制度也面临保护社会公共利益与提高员工组织忠诚度的权衡[13]；其二，尽管部分国家通过法律等方式对举报者进行保护①，但现有制度似乎并没有在鼓励和保护举报方面发挥多大作用[14]。举报者遭受报复的案例仍然普遍存在[15]，解雇等多种形式的制裁[16]，阻碍知情内部人成为维护公共利益的举报者。而要在现阶段的我国构建针对食品安全问题的举报制度，无疑会面临更多的困难与挑战：一方面，相比于西方文化，我国传统文化与社会观念会显著影响内部人的举报决策，而举报者也会面临更大潜在风险[17]；另一方面，尽管内部举报明显优于外部举报[18~19]②，但是我国食品行业的特殊性③使内部人更多需要通过外部渠道进行举报。因此，要制定和完善我国食品安全内部人举报制度，必须对我国食品防护背景下内部人的举报决策及其影响因素进行更加深入的研究。

考虑到我国食品防护的现状，有必要加强对内部人（即潜在举报者）的行为机理及其与监管部门（对应外部举报渠道）④ 之间互动关系的认识与理解。特别是，监管部门的激励与保护将如何影响内部人的举报决策？内部人的举报行为又将如何影响监管部门的监管活动？为此，本文以不对称信息等经济学相关理论为基础，对食品防护情境中的监管部门与内部人

---

① 关于欧美国家举报制度以及举报人保护的现状与发展，可以参见 DICE Database (2012)。

② 对于举报者来说，举报渠道的优先次序是：首先是内部举报，其次是执法机构，最后是新闻媒体。其中，通过内部途径来举报不当行为，能够大幅降低举报者所承担的风险，并提高举报效率。

③ 我国食品行业集中度低，中小企业是主要组成部分。这就意味着，违法或不当行为更多是相关企业管理者和/或所有者的意向行为，因而内部举报很难起到制止这些行为的作用。

④ 在我国的食品防护中，监管部门仍然占据主体地位，因此我们暂不考虑内部人通过新闻媒体举报这一情形。

进行博弈分析，考察内部人成为举报者的行为机理与所需要的激励机制。在基于纯策略博弈模型与混合策略博弈模型的理论分析之后，还用蒙特卡罗模拟进行了定量分析，以进一步加深对相关主体策略行为的理解。通过这些分析，本文希望能够为食品安全内部人举报制度的制定与完善提供理论支撑。

余下部分框架如下：第二部分简单介绍防护，并简单概述与内部人举报有关的经济学文献；第三部分在食品防护背景下，构建分析内部人与监管部门互动关系的简单模型；第四部分在纯策略和混合策略两种情形下，分别考察内部人与监管部门的行为决策；第五部分进行蒙特卡罗模拟，以定量分析内部人的举报行为；第六部分是总结与政策建议。

二　食品防护介绍与文献概述

（一）食品防护

食品安全问题历来存在，它只是会因为经济社会发展阶段的不同而表现出不同的形式。在未完成工业化之前（即19世纪到20世纪上半叶），西方发达国家同样经历了普遍而严重的食品安全问题。例如，英国人约翰·米歇尔在其1848年出版的《论假冒伪劣食品及其检测方法》一书中指出，他所检测过的面包样本无一不是掺假食品[20]。1860年英国出台食品掺假法案，就是为了遏制频发的食品掺假造假问题[21]。而当时美国的食品安全状况，在厄普顿·辛克莱1906年出版的《屠场》一书中得到了充分体现。同时，该书也催生了同年通过的《纯净食品及药物管理法》以及新的《肉类检查法》。

随着经济发展水平的不断提高，欧美国家的食品安全问题逐渐减少。但是，食品安全隐患仍然存在，并且表现出了与以往截然不同的形式。特别的，食品成为恐怖主义活动或其他反社会活动的一个可选载体，这将严重危害公共安全与社会稳定。为此，美国在“9.11”事件之后颁布了《2002公共健康安全与生物恐怖防范应对法案》（*Public Health Security and Bioterrorism Preparedness and Response Act of 2002*，通常简称为“生物反恐法”），提出要保护食品供应中两个层面的安全：其一是传统的安全（Safety），着重防止食品在生产加工过程中受到生物、化学和物理危害等偶然污染；其二是非传统的安全（Security），主要在于降低食品产业链遭受人为蓄意污染和破坏的危险。其中，达到保护非传统安全这一目的所采取的措施和方法，就是食品防护（Food Defense）。可以说，食品防护的相关内容在之前早就已经存在，但是这一概念最近才被正式提出并得到不断发展。

与食品防护相对应的，就是食品防护计划（Food Defense Plan），即为了达到食品防护目的而制定的一系列制度化、程序化的书面文件，它建立在全面的食品防护安全评估基础上，遵循适应不同产品类型和企业实际的原则[22]。美国食品安全检验局（FSIS）就美国食品加工企业制定食品防护计划的情况进行了调查，结果显示：在 2013 ~ 2014 年，制定食品防护计划的美国食品加工企业比例从 83% 上升至 84%。尽管并没有法律将制定食品防护计划列为食品加工企业的义务，但 FSIS 仍然鼓励企业制定这类计划，以防止蓄意破坏行为。

随着美国经验的日渐成熟以及食品安全问题的演变，世界各国也开始纷纷对食品防护进行探索。从被曝光和处理的食品安全事件来看，我国的食品安全问题更多可以归属为非传统的安全一类，即适用于使用食品防护来加以应对。目前，我国政府、企业等各个层面已经在开始尝试开展食品防护工作。其中，出口食品防护工作被作为首要突破口①。

（二）内部人举报

所谓内部人举报（Whistleblowing）②，是指先前或现有的组织成员或企业员工向相关个人或机构报告自己所在组织或企业中管理者或雇主的违法、不道德或不当行为[23]。其中，进行举报的内部人可以称为举报者或者吹哨人。毫无疑问，内部人举报是一个非常复杂的社会问题，它不仅涉及

---

① 国家质量监督检验检疫总局：《质检总局关于进一步加强出口食品防护的公告（2015 年第 155 号）》，2015 年 12 月 21 日，http：//www. aqsiq. gov. cn/xxgk_ 13386/jlgg_ 12538/zjgg/2015/201512/t20151231_ 457554. htm。

② 实际上，“Whistleblowing”（或“Whistle - blowing”）还对应于揭发、检举、告密、告发等词。这里，我们可替代地使用“举报”与“揭发”，而避开其他明显带有感情色彩或道德评判的词语。相应地，我们将“Whistleblower”一词翻译为“举报者”。

企业管理、公司治理与监管执法，而且还与法律、道德、文化等因素紧密相关。因此，内部人举报是经济学、管理学、法学、伦理学等多个学科的一个共同研究主题[24]。尽管关于内部人举报还存在较大争议，但是它已经成为监管执法与社会活动中日益普遍的元素[11]，在保护公共利益方面发挥着日益广泛的作用。

由于涉及员工忠诚度与道德评价，经济学对内部人举报问题的关注相对较少，且主要集中在反垄断、防范犯罪、公司治理、反腐败、合谋等几个领域。正所谓“最强的堡垒都是从内部攻破的”，内部人举报是预防、发现与处理有组织团体性违法活动的最有效手段。因此，关于内部人举报的经济学文献主要集中在团体性特征最为鲜明的反垄断与防范犯罪这两个领域[25]。特别的，经济学通常在委托代理框架下考察内部人举报，因而所考察的举报渠道主要是外部举报，即向委托人或者监管部门举报。

以卡特尔为典型代表的企业垄断，往往是若干主导企业的密谋行为。同时，即使反垄断当局已经发现了企业的垄断行为，要获得确凿证据对其进行指控也往往需要花费大量的人力、物力和财力。为了更好地降低反垄断成本、提高执法效率，反垄断当局往往会制定宽恕制度（Leniency Program），以从内部分化卡特尔组织或识别企业垄断行为①。所谓宽恕制度，就是豁免优先向反垄断当局报告其垄断行为的企业，或者降低对其的惩罚力度。如此，可以打破垄断组织中重复关系中的信任[26~27]，从而实现反垄断的目的。同时，也可以鼓励垄断企业内部员工向反垄断当局举报垄断组织或垄断行为的存在[28]。通过设定最优宽恕制度，不仅有助于反垄断当局及时有效地查处垄断行为、保护消费者权益，而且能够对有潜在垄断意图的企业或组织施加足够的威慑[29]。

与反垄断情形类似，司法部门在防范犯罪过程中也会因为严重信息不对称的存在而承受高昂成本。特别的，一般性的犯罪行为比垄断行为更具有偶然性、隐蔽性等特征，这无疑会加大查处犯罪行为的难度。于是，司法部门也将内部人举报作为降低司法成本、提高执法效率的利器。其中，

① Spagnolo 于 2008 年对美国和欧盟中的宽恕制度进行了详尽评述和讨论，并探讨了举报人制度在宽恕制度中的重要作用。

司法部门所采取的典型制度就是认罪求情协议（Plea - bargaining），即给予嫌犯通过提前认罪或供认同伙等换取减刑或从轻处罚的机会[30]。如此，可以有效地加快司法处理进度并更好地保障公共利益[31]。同时，这类内部人举报制度特别适用于多被告情形[32~34]。另外，实施自我报告机制（Self - reporting Schemes）也能够很好地起到降低执法成本、实现风险共担的作用[35]。这种制度在行政执法过程中经常被使用，如环境污染监管机构能够用其约束排污企业的行为[36~37]。

在公司治理领域，内部人举报制度也有着不可忽视的作用。具体而言，这一制度有助于防范财务造假与上市公司丑闻[38]、制止公司（金融）欺诈[39]、限制市场滥用和规范企业行为[40]、提高审计效率[41]等。通过鼓励公司内部人积极参与举报与监督，内部人举报制度能够有效加强公司治理、维护公平竞争市场、保障社会公共利益。例如，胡玉浪认为，可以制定"劳工揭发"制度，鼓励具有专业背景、熟悉企业运作的劳工及时揭发和制止企业的非法或不道德行为，从而构筑阻止企业不当行为的最后一道防线[42]。此外，内部人举报也能够在反腐败[43~44]、抑制企业等被监管对象以及监管机构本身的机会主义行为[25]等方面有所建树。

至于食品防护领域，经济学的相关研究非常少。可以说，该领域的理论研究严重滞后于社会实践。大量的食品安全问题与隐患，都是在食品生产经营企业内部人①的举报下才被公之于众。最近几年，以上海为代表的全国各地在逐步探索建立食品安全有奖举报制度。通过设立有奖举报制度，监管部门鼓励食品行业内部知情人员揭发企业的不法行为，以达到节省行政成本、提高监管效率、加强社会保障的目的。虽然有奖举报制度存在许多争议，并且引发了一系列问题，但是它确实是加强食品防护工作、保护消费者权益的一个有效途径，这是由食品防护领域存在且日益严重的信息不对称问题所决定的。随着工业化和社会分工的发展，食品加工过程中的专业化与技术水平不断提高，食品生产经营企业所拥有的私人信息也日趋增加。与当事人相比，食品安全监管部门无疑在获取食品安全风险与

① "福喜过期肉"事件中的举报者虽然本身是上海电视台的新闻记者，但他是假借内部员工的身份进行卧底调查之后才获得了相关证据，因而也可以视之为企业内部人。

隐患等信息方面处于绝对劣势地位。通过鼓励生产经营企业内部人积极举报，能够大幅降低执法成本、提高监管效率与防护水平[45]。

当前阶段，我国的食品防护工作正面临巨大压力，这就要求我们加快探索、建立并完善内部人举报制度。考虑到关于食品防护情境中内部人举报的研究尚且缺乏这一现实，我们必须尽快深化这一领域的理论研究，从而为食品安全内部人举报制度的建立与完善提供理论支持与指导。而这就是本文研究的初衷，本文将对内部人举报进行初步探索。具体而言，基于信息不对称等基础理论，本文将在一般性框架下分析内部人成为实际举报者的行为机理以及监管部门激励机制对其行为决策的影响，并重点探讨双方之间的互动关系。由此揭示内部人在提高食品防护水平方面的作用，加强对建立并完善内部人举报制度重要性的认识。

三　内部人与监管部门之间的互动：基本框架

一般来说，根据违法、非法、不道德等行为是否已经发生，可以将内部人举报分为两种类型：其一，事后举报，即内部人揭发所在组织已经发生的不当行为，其作用在于降低行政或司法执法成本、提高监管效率或者限制不当行为危害的扩大；其二，事前举报，即知情人在组织即将实施不当行为之前就向相关部门举报，其作用在于制止合谋、垄断、腐败等机会主义行为，对潜在的机会主义者施加有效威慑[25]。而根据内部人是否直接参与不当行为，又可以将内部人举报分为“囚徒”举报与知情人举报两种情形。在“囚徒”举报情形中，举报者本身就是不当行为的直接参与者（包括实施或决策），通过举报他能够减少自己承担的风险、降低可能承受的惩罚力度或争取宽恕。而对于监管部门或执法机构来说，通过宽恕制度等鼓励“囚徒”举报的目的在于打破“囚徒困境”，提高监管或执法效率[46]。而在知情人举报情形中，举报者只是组织所实施或即将实施不当行为的知情者，他出于追求私利或保护公共利益等动机选择举报[47]。而监管部门通过有奖举报等制度鼓励知情者举报的作用，在于消除信息不对称问题。

鉴于食品行业的特殊性，本文仅考察最为一般的情形，即内部知情人进行事后举报①。也就是说，基于自身利益的考虑，食品生产经营企业已经实施了恶意掺杂使假、蓄意污染破坏等不当行为。而我们需要分析的问题在于，企业内部知情人向监管部门的举报将在及时发现和制止不当行为、减少这些行为对社会的不利影响等方面的作用。更进一步的，我们的分析框架将涉及内部知情人、监管部门以及食品生产经营企业三方主体。其中，食品生产经营企业（以下简称为企业）的行为已定，本文主要考察内部知情人（以下简称内部人）与监管部门之间的互动关系。为了简化分析且不失一般性，假设三类主体的数量均简化为 1。

如上所述，企业已经采取了不当行为，并且其将通过这种行为获得一定的货币性收益，我们用 Y 加以表示。同时，一旦企业的不当行为被监管部门查处，其将面临一定的惩罚。这里，我们仅考虑罚款这一惩罚形式。根据《中国人民共和国食品安全法》（以下简称为《食品安全法》），对违反该法的企业将处以罚款，通常是涉案金额（即因为不当行为而存在安全隐患的食品的价值总额）的若干倍。假设这一倍数为 k_1 。

我们所考虑的内部人是企业现有或以往的员工，他们对企业所生产的食品有专业知识，并且比较熟悉食品的生产加工过程。因此，他们能够发现食品中存在的安全问题或隐患，即知晓企业所实施的不当行为，并且掌握了一些确凿的证据或信息。出于法律、道德、利益等方面的考虑，内部人可能会选择向监管部门举报[19]。其中，相关研究表明，除了重大案例中的新闻记者之外，货币激励更加有助于解释举报者的动机[39]。因此，我们假设内部人是完全理性的经济人，他选择举报的目的在于获得货币奖励②。同时，由于害怕身份曝光之后可能遭受报复以及潜在的失业等风险[43]，内部人也可能选择不举报。

当内部人选择举报时，其能够获得金额为 δ 的奖励。但是，为了获得举报所需要的信息和证据，他需要承担一定的成本，假设为 ξ 。同时，尽

① 在后续研究中，我们将进一步探讨食品防护情境下“囚徒”事前举报、“囚徒”事后举报、内部知情人事前举报 3 种情形。特别是，我们将详尽考察监管部门、食品生产经营企业（即“囚徒”）与内部知情人三方之间的互动关系，从而为构建更加完善的食品安全内部人举报制度提供更加坚实的理论基础。

② 也就是说，我们暂不考虑举报者所涉及的企业忠诚度和社会公德之争、公利与私利之争。

管其举报者身份会得到监管部门的保护，但是因为某些原因，这种身份存在被企业识别的可能，我们假设其被识别的概率为β。当企业识别内部人的身份后，有可能（概率为λ）对其进行报复。这两个概率的乘积，即$\beta\lambda$共同反映了监管部门对举报者的保护力度：被识别概率β是指监管部门对举报者的匿名保护情况，其值越小说明对举报者身份的保密程度越高；被报复概率λ是指监管部门对已暴露的举报者正当利益的保护情况，其值越小说明法律体系对举报者的保护越完善[①]。相应的，$\beta\lambda$的值越小，说明举报者受到的综合保护程度越高。不考虑失去生命等极端情形，假设企业的报复将给内部人造成一定的经济损失，这里用χ表示。如果内部人选择不举报，企业为了奖励其忠诚度，会提供一定的奖励[②]，假定总金额为R。此外，如果企业的违法行为被监管部门所查处，内部人也会因为企业状况的恶化而受到连带损失[③]。假设这种损失完全表现为货币性损失，且假定其金额为F。同样，F在一定程度上体现了社会对举报者的认可与接纳程度。以就业为例，如果举报者在被企业辞退之后能够较快地找到工作，那么其因为企业报复而遭受的损失就较小。

最后，我们同样假定监管部门也是理性经济人。虽然受政府和人民的委托对企业进行监管，但监管部门会基于自身利益来进行行为决策。具体而言，其可以选择的行为有监管和不监管两种：选择前者是重视职责与利益的结果，而选择后者则是为了节省监管成本和避免不必要的风险。为了简化分析，我们假设为了有效监管企业，监管部门需要承担总额为C的监管成本[④]。同时，如果能够及时发现并有效处理企业的不当行为，监管部门将获得上级的奖励。这里，我们不考虑政治方面的奖励，而仅涉及金钱激励。根据现实情况，假设上级会将被查处企业所缴纳罚款中的一部分作为奖金支付给有功的监管部门。假设这一比例为k_2，即监管部门可能获得

---

① 这主要体现在两个方面：其一，法律体系对企业的恶意报复行为有着较大的惩罚力度与威慑，因而能够制止企业的报复性行为；其二，整个社会对举报者的接受程度较高，从而降低企业对举报者的报复可能性。

② 这种奖励类似于“封口费”。

③ 在不当行为被曝光后，企业的经营状况会恶化，作为企业一员的员工也会受损，如工资降低或被辞退等。

④ 也就是说，当承担金额为C的监管成本后，监管部门一定能够及时查处企业的不当行为。

的奖励为 k_1k_2Y。而当监管部门选择不监管并且内部人选择不举报时，除了能够节省成本，监管部门也有可能承受损失，这种损失来自两个方面：其一，上级部门进行再监管，从而发现监管部门的渎职行为；其二，企业的不当行为最终酿成食品安全事件，监管部门将因为上级部门的追责而承担相应责任。假设这两种情况发生的概率为 n，而当其发生时，监管部门将承受一定的负效用，假设其表现为一定的货币损失 L①。当有内部人举报时，监管部门就不会因为这两种情况而承受损失。

四　模型解析

这一部分，我们将对内部人和监管部门之间的互动关系进行博弈分析。我们首先考察纯策略博弈模型，随后再在混合策略博弈模型中分析两者的行为决策。

（一）纯策略博弈模型

作为理性经济人，内部人和监管部门各自有两种行为选择，前者为举报和不举报，而后者为监管与不监管。也就是说，两个博弈参与者的行为选择将可能出现举报 - 监管、不举报 - 监管、举报 - 不监管、不举报 - 不监管 4 种情形。假设内部人与监管部门的总支付分别为 W、G，同时分别用 b、ub、r、ur 表示举报、不举报、监管、不监管。根据上述设定，可以得到各种情形中内部人与监管部门所得支付如下：

（1）内部人选择举报，监管部门及时监管，则有：$W_b{}' = \delta - \xi - \beta\lambda\chi - F$，$G_r{}' = k_2k_1Y - C$；

（2）内部人选择举报，但监管部门不监管，则有：$W_b{}'' = \delta - \xi - \beta\lambda\chi - F$，$G_{ur}{}' = k_2k_1Y$；

（3）内部人选择不举报，但监管部门进行监管，则有：$W_{ub}{}' = R - F$，$G_r{}'' = k_2k_1Y - C$；

（4）内部人选择不举报，同时监管部门也不监管，则有：$W_{ub}{}'' = R$，

① 例如，上级部门会减少监管部门的预算。

$G_{ur}'' = -nL$。

具体而言，内部人与监管部门的纯策略博弈结果如表 1 所示。

表 1　内部人与监管部门间纯策略博弈支付矩阵

		监管部门	
		监　管	不监管
内部人	举　报	$(\delta - \xi - \beta\lambda\chi - F,\ k_2k_1Y - C)$	$(\delta - \xi - \beta\lambda\chi - F,\ k_2k_1Y)$
	不举报	$(R - F,\ k_2k_1Y - C)$	$(R,\ -nL)$

如表 1 所示，可以分为两种情况进行分析。

（1）$W_{ub}' > W_b'$，且 $G_{ur}'' > G_r''$。此时，有 $R - F > \delta - \xi - \beta\lambda\chi - F$，并且 $-nL > k_2k_1Y - C$。当 $W_{ub}' > W_b'$ 时，定有 $W_{ub}'' > W_b''$，因为 $W_b' = W_b''$，$G_r'' = G_r'$。也就是说，内部人选择不举报的收益要大于举报时获得的收益。毫无疑问，不管监管部门是否举报，追求自身利益最大化的内部人都将选择不举报。同时，$G_{ur}'' > G_r''$ 表明此时监管部门存在一个占优策略，即选择不监管。因此，这时将存在一个严格占优策略均衡，即内部人不举报且监管部门不监管。相应的，举报人可以获得最高收益 R，而监管部门也会因为追求监管成本的节省（即 $nL < C - k_2k_1Y$）而选择不监管。出现这种结果，有如下几种可能的原因：第一，由于严重的信息不对称，监管部门在监管执法过程中面临高昂的监管成本；第二，由于法律法规的限制，监管部门能够从监管过程中获得的奖励有限（即 k_2 太小），因而监管激励有限；第三，上级部门对监管部门的再监管力度有限，并且责任追求机制不够健全，从而无法落实监管部门的渎职责任。毫无疑问，当这种均衡结果出现时，社会因企业不当行为而遭受的损失将最大化。

（2）$W_b'' > W_{ub}''$。此时，有 $\delta - \xi - \beta\lambda\chi - F > R$，即 $\delta > R + \xi + \beta\lambda\chi + F$。也就是说，监管部门对实际举报者（即选择举报的内部人）的奖励 δ 足够大，以至于除了能够覆盖内部人的信息与证据采集成本 ξ，还足以抵消其因为举报而丧失的企业奖励 R、因企业被查处而遭受的损失 F 以及遭受企业报复而承担的损失 $\beta\lambda\chi$。相应的，内部人选择举报的收益要大于选择不举报的收益。于是，不管监管部门是否监管，内部人选择举报都是符合其利益最大化诉求的占优策略。同时，因为 $G_{ur}' > G_r'$，即监管成本过高使监管部门选择监管的收益小于不监管的收益，因此，监管部门的最优策略是不监管，如此可以节省自行采集证据、查处企业不当行为过程中所发生的巨额成本。也就是说，当给予举报者的激励足够大时，内部人选择举报且监管部门不监管是占优策略均衡①，此时既能够节省成本，又能够保障食品安全水平。毫无疑问，这种均衡结果下社会福利将实现最大化。

（二）混合策略博弈模型

在实际情形中，不管是内部人还是监管部门都不会一味地采取某一个固定的行为决策。相反，他们将随机进行选择，并根据实际情况进行调整。也就是说，混合策略博弈比纯策略博弈更加符合现实世界。因此，我们假设内部人与监管部门都将进行随机决策，且内部人选择举报的概率为 p，监管部门选择监管的概率为 q。其中，$0 \leqslant p, q \leqslant 1$。由此，内部人与监管部门的博弈支付矩阵将发生改变，具体如表 2 所示。

表 2　内部人与监管部门间混合策略博弈支付矩阵

		监管部门	
		监管（q）	不监管（$1-q$）
内部人	举报（p）	（$\delta - \xi - \beta\lambda\chi - F$, $k_2k_1Y - C$）	（$\delta - \xi - \beta\lambda\chi - F$, k_2k_1Y）
	不举报（$1-p$）	（$R - F$, $k_2k_1Y - C$）	（R, $-nL$）

根据表 2 中的支付矩阵，可以得到监管部门的期望收益为：

$$\begin{aligned} EG &= pqG_r' + p(1-q)G_{ur}' + (1-p)qG_r'' + (1-p)(1-q)G_{ur}'' \\ &= pq(k_2k_1Y - C) + p(1-q)k_2k_1Y + (1-p)q(k_2k_1Y - C) + (1-p)(1-q)(-nL) \end{aligned}$$

当监管部门追求利益最大化时，他将根据内部人的举报与否来选择监管概率以调整决策。将监管部门的期望收益对 q 求一阶导数，根据一阶条件（即 $\partial EG/\partial q = 0$），可以得到内部人的最优举报概率，即：$p^* = 1 - C/(nL + k_2k_1Y)$。

① 事实上，监管部门并非完全不监管，而是借助内部人的举报进行间接而非直接监管。

根据内部人的举报概率 p 与其最优举报概率 p^* 的关系，可以得到如下结果：如果 $p > p^*$，监管部门的最优决策无疑是不监管；而当 $p < p^*$ 时，监管部门的最优决策是监管；而如果 $p = p^*$，则是否监管不会影响监管部门的最终收益，因此监管部门将随机选择监管或不监管。此时，监管部门的反应函数为：

$$q = \begin{cases} 0 & p > p^* \\ [0,1] & p = p^* \\ 1 & p < p^* \end{cases}$$

同理，可以得到内部人的期望收益为：

$$\begin{aligned} EW &= pqW_r' + p(1-q)W_b'' + (1-p)qW_{ub}' + (1-p)(1-q)W_{ub}'' \\ &= pq(\delta - \xi - \beta\lambda\chi - F) + p(1-q)(\delta - \xi - \beta\lambda\chi - F) + \\ &\quad (1-p)q(R-F) + (1-p)(1-q)R \end{aligned}$$

与此类似，根据内部人利益最大化决策的一阶条件（即 $\partial WG/\partial p = 0$），可以得到监管部门的最优监管概率为：$q^* = (R + \xi + \beta\lambda\chi + F - \delta)/F = 1 - (\delta - R - \xi - \beta\lambda\chi)/F$。

相应的，根据监管部门的实际监管概率 q 与其最优监管概率 q^* 之间的关系，可以得到内部人的 3 种策略：若 $q > q^*$，则内部人选择举报能够实现利益最大化；若 $q < q^*$，则内部人的最优决策是选择不举报；而当 $q = q^*$ 时，是否举报并不影响内部人的收益，因而他将进行随机决策。也就是说，内部人的反应函数为：

$$p = \begin{cases} 1 & q > q^* \\ [0,1] & q = q^* \\ 0 & q < q^* \end{cases}$$

下面，分别考察内部人举报决策与监管部门监管决策的影响因素。从最优举报概率来看，即 $p^* = 1 - C/(nL + k_2k_1Y)$，它与 C、n、L、k_2、k_1、Y 等因素有关，具体关系如下。

（1）最优举报概率 p^* 与监管成本 C 成反比，即监管部门的监管成本越高，则内部人举报的概率越低。具体来说，监管成本越高意味着监管部门的监管动力越小，此时，内部人将越可能选择不举报，因为如此越能够确保获得企业的“忠诚”奖励。

（2）最优举报概率 p^* 与监管部门的查处收益 k_2k_1Y 成正比。从查处企业不当行为中获得的收益越高，监管部门的监管激励越强。相应的，内部人的举报使企业被查处的概率也会越大，其从举报中获得的潜在收益也越大，于是内部人选择举报的动机就越强。具体来说，内部人的举报概率将随着企业不当行为涉案金额 Y、罚金缴纳倍数 k_1 以及监管部门奖励所占比例 k_2 的提高而增大。

（3）最优举报概率 p^* 与监管部门因渎职而遭受的损失 nL 成正比。与上一情形类似，渎职所造成的潜在损失越大，监管部门的监管积极性就越高，这会相应提高内部人选择举报的期望收益，因而加强对其举报的激励。特别是，上级部门的再监管力度加大、追责制度更加完善，或者对渎职监管部门的惩罚力度加大，都将督促监管部门进行更加有效的监管，同时也会提高内部人选择举报的积极性。

同样，我们考察监管部门最优监管概率的影响因素。从 $q^* = 1 - (\delta - R - \xi - \beta\lambda\chi)/F$ 可以看到，最优监管概率 q^* 与 δ、R、ξ、β、λ、χ、F 等因素有关，具体表现为。

（1）最优监管概率 q^* 与内部人因企业被查处而遭受的损失 F 成正比。作为企业的一员，内部人与企业是一荣俱荣、一损俱损的关系。如果企业不当行为被监管部门查处后会给内部人带来足够大的损失，内部人的举报激励自然会减弱。相应的，当内部人越倾向于选择不举报时，监管部门渎职的期望损失就越大，因而需要加大监管力度。

（2）最优监管概率 q^* 与提供给举报者的奖励 δ 成反比。正如前文所述，除了道德、声誉等方面的极少考虑外，内部人选择举报的目的主要在于追求经济利益。如果监管部门能够给举报者提供足够多的奖励，从而使其潜在收益远高于其需要支付的成本以及可能遭受的损失，举报者自然会更有动力选择举报。相应的，监管部门“放松”监管的选择度就越大。

（3）最优监管概率 q^* 与内部人的“忠诚”奖励 R 以及证据和信息采集成本 ξ 成正比。作为理性经济人，内部人的举报决策取决于其对成本、收益的衡量。当其可获得的举报奖励一定时，其举报激励将直接取决于其举报的潜在损失：其一，因为“背叛”企业而损失的“忠诚”奖励；其二，采集信息与证据所需要的成本。“忠诚”奖励额度越大，或者举报所需成本越高，内部人选择举报的可能性就越低，相应的，监管部门就必须加大直接监管的力度。

（4）最优监管概率 q^* 与内部人因遭受企业报复而承受的损失 $\beta\lambda\chi$ 成正比。除了直接成本外，内部人选择举报还将面临一个潜在损失，这一损失的额度取决于法律与社会对举报者的保护力度。举报者所享有的保护越完善，或者社会越包容和接纳举报者，举报者因为企业报复而承受的期望损失就会越小。相应的，内部人选择举报的可能性就越大。因此，最优监管概率将随着报复所带来期望损失的提高而增大。

五　蒙特卡罗模拟

上述博弈分析的结果表明，内部人是否选择举报及其举报所能够产生的社会效益（包括节省监管成本、提高监管效率、增进社会福利等）取决于一系列因素。为了使这些结论更具有现实意义，我们在这一部分对混合策略博弈模型进行蒙特卡罗模拟[48]。蒙特卡罗模拟是一种统计模拟方法，是 20 世纪 40 年代中期由于科学技术的发展和电子计算机的发明而被提出的。具体而言，它是一种以概率统计理论为指导的数值计算方法，主要使用随机数（或更常见的伪随机数）来解决计算问题。

考虑到我国食品企业的规模普遍较小，不妨假设其不当行为所涉及食品的货币价值 Y 为 10 万元。同时，假设企业愿意提供给知情内部人的“忠诚”奖励 R 为 5 万 ~ 10 万元①。假设监管部门直接监管需要支付 1 万 ~ 2 万元的监管成本 C，而一旦其监管落实，将给内部人带来的直接经济损失 F 为 5 万 ~ 10 万元②。为了保证法律的威慑作用，假设监管部门对被查处企业的处罚是要求其缴纳涉案金额的 10 ~ 20 倍（即 k_1）作为罚金。

① 因为内部人的数量被设置为 1，所以作为代表性内部人的举报者可获得的“忠诚”奖励可能接近企业的非法所得。同时，企业倾向于给最有可能举报的知情内部人“忠诚”奖励。

② 也就是说，当被监管部门查处后，企业就无须为内部人的“忠诚”支付奖励，或者支付额度会降低。

其中，被用于奖励监管部门的罚金比例为 0.1 ~ 0.2（即 k_2）。假设监管部门没有行使其应有的监管职责，上级部门的再监管或者食品安全事件爆发后的追责使其遭受损失的概率 n 为 0.3 ~ 0.6，而相应的损失额度 L 为 5 万 ~ 10 万元。此外，假设内部人的信息与证据收集成本 ξ 为 1 万 ~ 2 万元，举报得到的奖励 δ 为 5 万 ~ 10 万元。同时，举报者身份被识别的概率 β 为 0.1 ~ 0.3，遭受企业报复的可能性 λ 为 0.6 ~ 0.8。最后，报复给举报者带来的损失 χ 将是 50 万 ~ 60 万元。

基于上述模型与参数设定，可以进行蒙特卡罗模拟（相应程序代码见附录）。通过模拟，可以得到最优举报概率与最优监管概率，具体结果如表 3 所示。

表 3　最佳监管效率与最优举报概率的模拟结果

概率	均　值	标准差	偏　度	峰　度	置信区间
q	0.8678	0.2238	-1.9193	6.1923	(0.2136, 1)
p	0.9387	0.0197	-0.8262	3.7014	(0.9508, 0.9576)

从表 3 中可知，混合策略博弈情形中监管部门的最优监管概率估计值为 0.8678。也就是说，在相应参数设定下，监管部门选择监管的最优概率是 86.78%。由图 1（a）可知，监管概率整体左偏，可求得偏度为 -1.9193。由于偏度小于 0，可知监管概率不服从正态分布假设。因此，可以假设数据服从均匀分布，由此可以求得其 95% 的置信水平下置信区间为（0.2136，1）。此时，内部人会将最优监管概率与实际监管概率进行对比：如果实际监管概率大于 86.78%，则内部人将选择举报；相反，如果实际监管概率小于 86.78%，则内部人将选择不举报。

同样，从表 3 中可知混合策略博弈中内部人的最优举报概率为 0.9387，即相应条件下知情内部人选择举报的概率为 93.87%。由图 1（b）可知，最优举报概率的数据整体左偏，相应偏度为 -0.8262。因此，我们同样拒绝正态分布假设。按照均匀分布，可以得到 95% 的置信水平下最优举报概率的置信区间为（0.9508，0.9576）。类似的，监管部门也会根据实际举报概率与最优举报概率的差异来进行监管决策：如果实际举报概率大于 93.87%，则监管部门会选择不监管；相反，如果实际举报概率

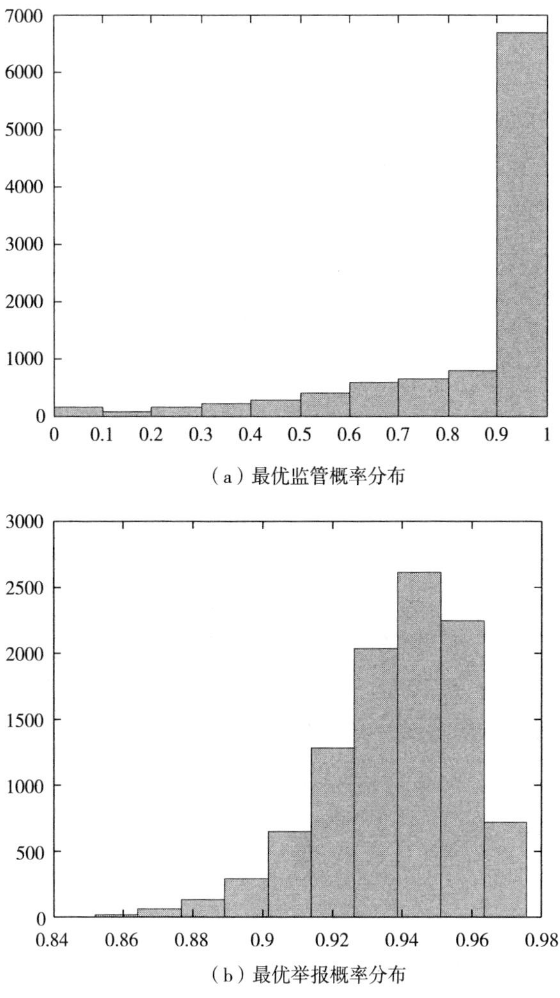

（a）最优监管概率分布

（b）最优举报概率分布

图 1　最优监管概率与最优举报概率的蒙特卡罗模拟

小于 93.87%，则监管部门应当选择监管。

毫无疑问，每个企业、企业内部人以及监管部门的具体情况都存在差异，他们会根据自己的相关参数而做出最优选择。相应的，如果能够提高信息透明度，将会更加有利于企业内部人和监管部门做出决策。

六　总结与政策建议

受经济发展阶段的限制，我国目前正处于食品安全事件高发期，食品防护的压力非常大。根据国内外实践经验以及其他领域相关理论研究的启示，构建完善的内部人举报制度，鼓励企业内部知情人积极举报，能够有效地消除监管部门所面临的信息不对称，从而提高监管效率、降低监管成本、增进社会福利。为了设计和完善内部人举报制度，本文对食品防护情境下的一般性内部人举报进行了理论与模拟分析。也就是说，我们考虑的是内部人事后举报情形。

纯策略博弈分析表明，在符合相应假设的条件下，内部人与监管部门的纯策略占优均衡有两种，分别是内部人不举报与监管部门不监管、内部人举报与监管部门不监管。毫无疑问，后一种均衡能够产生最大的社会福利。而哪一种均衡会出现，则主要取决于监管部门提供给举报者的奖励。一旦从举报中获得的奖励足够大，以至于能够覆盖举报的直接成本以及可能的间接成本，那么内部人一定会选择举报。

在更加现实的情形中，即内部人与监管部门进行混合策略博弈，我们可以得到：内部人的最优举报概率与监管部门的最优监管概率分别为 $p^* = 1 - C/(nL + k_2k_1Y)$ 和 $q^* = 1 - (\delta - R - \xi - \beta\lambda\chi)/F$。也就是说，要想实现纯策略博弈中最有利于社会福利的占优策略均衡（内部人举报与监管部门不监管），就必须提高最优举报概率 p^*，并降低最优监管概率 q^*。

因此，根据最优举报概率 p^* 与最优监管概率 q^* 的影响因素，可以分别从内部人与监管部门的角度提出以下政策建议，从而提高社会福利最大化的有利结果出现的可能性。

从监管部门层面来看，可以采取以下措施。第一，降低监管部门的监管成本。实际上，监管成本主要取决于信息收集的难易程度。因此，可以通过完善企业信息公开制度、要求企业在确保商业安全的前提下将生产加工过程向社会开放、完善抽查与检验检疫制度等方式，消除监管部门与食品生产经营企业之间的信息不对称，从而有效降低监管成本。第二，提高对监管部门的激励程度。作为上级部门的代理人，监管部门同样可能采取符合自身利益需求的道德风险行为。为此，需要通过有效激励手段促使其选择符合委托人（即公众与上级部门）利益的行为。在不当行为涉及金额一定的情况下，可以通过加大对被查处企业的惩罚力度、提高罚款中拨付给监管部门的比例来加强对监管部门有效监管的激励。第三，加大对渎职监管部门的惩罚力度。在提供激励的同时，必须加强监管与惩戒，才能真正有效地限制或杜绝监管部门的道德风险行为。具体而言，可以加大对监管部门的再监管力度，进一步完善和优化事后追责机制，同时加大对渎职监管部门的直接惩罚力度（包括经济与政治两个层面）。

而在内部人层面，监管部门和社会可以从以下几个方面优化食品防护。第一，合理补偿举报者因为所在企业被查处而遭受的经济损失。例如，可以将企业所缴纳罚金中的一部分专门用于对举报者的直接经济补偿。第二，提高对举报者的奖励额度。除了少数人之外，内部人选择举报的根本动机在于获取货币性收益。因此，监管部门加大对举报者的奖励，可以有效提高内部人举报的积极性。第三，构建社会信息共享网络，降低内部人收集信息与采集证据的直接成本。第四，完善举报者保护立法，加强对举报者身份的保密以及对其生命财产安全的保护，消除内部人选择举报的风险。第五，借助新闻媒体等推动社会风气与道德观念的进步，消除对举报者的道德批判与歧视，促进社会对举报者的认可与接纳，解除举报者的后顾之忧。第六，倡导公德大于私德、公利重于私利的社会新理念，从道德层面提高对内部人举报的激励程度。

参考文献

[1] 吴元元：《信息基础、声誉机制与执法优化——食品安全治理的新视野》，《中国社会科学》2012 年第 6 期。

[2] 周孝、冯中越：《声誉效应与食品安全水平的关系研究——来自中国驰名商标的经验证据》，《经济与管理研究》2014 年第 6 期。

[3] 陈思、罗云波、江树人：《激励相容：我国食品安全监管的现实选择》，《中国农业大学学报》（社会科学版）2010 年第 3 期。

[4] 李新春、陈斌：《企业群体性败德行为与管制失效——对产品质量安全与监管的制度分析》，《经济研究》2013 年第 10 期。

[5] Alchian, A., Demsetz, H., "Production, Infromation Costs, and Economic Organization," *American Economic Review*, 1972, 62 (5): 777 - 795.

[6] Kanodia, C. S., "Stochastic Monitoring and Moral Hazard," *Journal of Accounting Research*, 1985, 23 (1): 175 - 193.

[7] Strausz, R. , "Delegation of Monitoring in a Principal – Agent Relationship," *The Review of Economics Studies*, 1997, 64 (3): 337 – 357.

[8] Varian, H. R. , "Monitoring Agents with Other Agents," *Journal of Institutional and Theoretitcal Economics*, 1990, 146 (1): 153 – 174.

[9] Barron, J. & Gjerde, K. , "Peer Pressure in an Agency Relationship," *Journal of Labor Economics*, 1997, 15 (2): 234 – 254.

[10] Marx, L. & Squintani, F. , "Individual Accountability in Teams," *Journal of Economic Behavior and Organization*, 2009, 72 (1): 260 – 273.

[11] Heyes, A. & Kapur, S. , "An Economic Model of Whistle – Blower Policy," The Journal of Law, Economics, & Organization, 2009, 25 (1): 157 – 182.

[12] Francis, R. D. , Armstrong, A . F & Foxley, I. , "Whistleblowing: A Three Part View," *Journal of Financial Crime*, 2015, 22 (2): 208 – 218.

[13] Chiu, R. K. , "Ethical Judgment and Whistleblowing Intention: Examining the Moderating Role of Locus of Control," *Journal of Business Ethics*, 2003, 43 (1/2): 65 – 74.

[14] Yeoh, P. , "Whistleblowing: Motivations, Corporate Self – regulation, and the Law," *International Journal of Law and Management*, 2014, 56 (6): 459 – 474.

[15] Dworkin, T. M. & Baucus, M. S. , "Internal vs. External Whistleblowers: A Comparison of Whistleblowering Processes," *Journal of Business Ethics*, 1998, 17 (12): 1281 – 1298.

[16] van Es, R. & Smit, G. , "Whistleblowing and Media Logic: A Case Study," *Business Ethics: A European Review*, 2003, 12 (2): 144 – 150.

[17] Hwang, D. B. K. , Chen, Y. , Staley, B. et al. , "A Comparative Study of the Propensity of Whistle – Blowing: Empirical Evidence from China, Taiwan, and the United States," *International Journal of Accounting & Financial Reporting*, 2013, 3 (2): 202 – 224.

[18] Callahan, E. S. & Collins, J. W. , "Employee Attitudes toward Whistleblowing: Management and Public Policy Implications," *Journal of Business Ethics*, 1992, 11 (12): 939 – 948.

[19] Barnett, T. , Cochran, D. S. & Taylor, G. S. , "The Internal Disclosure Policies of Private – Sector Employers: An Initial Look at Their Relationship to Employee Whistleblowing," *Journal of Business Ethics*, 1993, 12 (2): 127 – 136.

[20] 王守伟、周清杰、臧明伍等：《食品安全与经济发展关系研究》，中国质检出版

社，2016。

[21] Draper, A. & Green, J., "Food Safety and Consumers: Constructions of Choice and Risk," *Social Policy & Administration*, 2002, 36 (6): 610 - 625.

[22] 黄斌、顾绍平、秦红等:《食品防护计划的实践与思考》,《中国渔业质量与标准》2011 年第 1 期。

[23] Near, J. P. & Miceli. M. P., "Organizational Dissidence: The Case of Whistle - blowing," *Journal of Business Ethics*, 1985, 4 (1): 1 - 16.

[24] Miceli, M. P., Near, J. P. & Dworkin, T. M., *Whistle - Blowing in organizations.* New York: Routledge, 2008.

[25] Felli, L. & Hortala - Vallve, R., "Collusion, Blackmail and Whistle - Blowing," CESifo Working Paper No. 5343, 2015.

[26] Motta, M. & Polo, M., "Leniency Programs and Cartel Prosecution," *International Journal of Industrial Organization*, 2003, 21 (3): 347 - 379.

[27] Spagnolo, G., "Optimal Leniency Programs," Stockholm School of Economics Working Paper, CEPR Discussion Paper No. 4840, 2005.

[28] Aubert, C., Rey, P. & Kovacic, W., "The Impact of Leniency and Whistleblowing Programs on Cartels," *International Journal of Industrial Organization*, 2006, 24 (6): 1241 - 1266.

[29] Spagnolo, G., "Leniency and Whistleblowers in Antitrust", in Paolo Buccirossi (ed.), *Handbook on AntitrustEconomics*, 2008, Cambridge: MIT Press, Chat. 7: 259 - 303.

[30] Landes, W. M., "An Economic Analysis of the Courts," *Journal of Law and Economics*, 1971, 14 (1): 61 - 108.

[31] Grossman, G. M. & Katz, M. L., "Plea Bargaining and Social Welfare," *American Economic Review*, 1983, 73 (4): 749 - 757.

[32] Easterbrook, F. H., Landes, W. M. & Posner, R. A., "Contribution among Antitrust Defendants: A Legal and Economic Analysis," *Journal of Law and Economics*, 1980, 23 (2): 331 - 370.

[33] Polinsky, M. A. & Shavell, S., "Contribution and Claim Reduction among Antitrust Defendants: An Economic Analysis," *Stanford Law Review*, 1981, 33 (3): 447 - 471.

[34] Kornhauser, L. A. & Revesz, R. L., "Multidefendant Settlements under Joint and Several Liability: The Problem of Insolvency," *Journal of Legal Studies*, 1994, 23 (1):

517 - 542.

[35] Kaplow, L. & Shavell, S., "Optimal Law Enforcement with Self - Reporting of Behavior," *Journal of Political Economy*, 1994, 102 (3): 583 - 606.

[36] Malik, A. S., "Self - Reporting and the Design of Policies for Regulating Stochastic Pollution," *Journalof Environmental Economics and Management*, 1993, 24 (3): 241 - 257

[37] Livernois, J. & McKenna, C. J., "Truth or Consequences: Enforcing Pollution Standards with Self - reporting," *Journal of Public Economics*, 1999, 71 (3): 415 - 440.

[38] 周清杰、徐康平：《公司治理丑闻中的揭发行为》，第四届公司治理国际研讨会，2007。

[39] Dyck, A., Morse, A. & Zingales, L., "Who Blows the Whistle on Corporate Fraud?" *Journal of Finance*, 2010, 65 (6): 2213 - 2253.

[40] Fieischer, H. & Schmolke, K. U., "Financial Incentives for Whistleblowers in European Capital Markets Law," *European Company Law*, 2012, 9 (5): 250 - 259.

[41] Alleyne, P., Haniffa, R. & Hudaib, M., "The Construction of a Whistle - Blowing Protocol for Audit Organisations: A Four - Stage Participatory Approach," *International Journal of Auditing*, 2016, 20 (1): 72 - 86.

[42] 胡玉浪：《劳工揭发法律问题探讨》，《山东科技大学学报》（社会科学版）2013 年第 1 期。

[43] 吴丹红：《举报人法律保护的实证研究——从检察机关与举报人的关系切入》，《法治论坛》2007 年第 2 期。

[44] Chassang, S. & Padro - i - Miquel, G., "Corruption, Intimidation, and Whistle - blowing: A Theory of Inference from Unverifiable Reports," NBER Working Paper No. 20315, 2014.

[45] 戚建刚：《向权力说真相：食品安全风险规制中的信息工具之运用》，《江淮论坛》2011 年第 5 期。

[46] Andreoni, J. & Miller, J. H., "Rational Cooperation in the Finitely Repeated Prisoner's Dilemma: Experimental Evidence," *Economic Journal*, 1993, 103 (418): 570 - 585.

[47] Near, J. P. & Miceli, M. P., "After the wrongdoing: What Managers Should Know about Whistleblowing," *Business Horizons*, 2016, 59 (1): 105 - 114.

[48] 康崇禄：《蒙特卡罗方法理论和应用》，科学出版社，2015。

基于养殖户视角的政府生猪扶持政策实施效果的认知评价及满意度研究*

李艳云　谢旭燕**

摘　要：本文基于江苏、安徽、湖南、湖北四省的调查数据，从养殖户的视角，评价了政府现阶段生猪扶持政策的实施效果，研究了影响政策实施效果评价的主要因素。研究结果表明，政府实施的生猪扶持政策在抵御风险、提高养殖户积极性等方面发挥了重要作用。虽然部分政策实施效果并不佳，但总体而言，养殖户对生猪扶持政策持"基本满意"态度，而且男性对各项政策的效果评价显著高于女性，大中规模养殖户对政策效果的评价显著高于散户。

关键词：生猪养殖户　扶持政策　效果评价　影响因素

一　引言

生猪产业一直是我国的传统支柱产业，在畜牧业中占有主导地位，在发展农业经济、增加农民收入与满足城乡猪肉市场需求等方面发挥了重要

* 国家社科基金重大项目"食品安全风险社会共治研究"（项目编号：14ZDA0690）、江苏高校哲学社会科学优秀创新团队建设项目"中国食品安全风险防控研究"（项目编号：2013-011）、国家自然科学基金项目"病死猪流入市场的生猪养殖户行为实验及政策研究"（项目编号：71540008）和"基于消费者偏好的可追溯食品消费政策的多重模拟实验研究：猪肉的案例"（项目编号：71273117）。

** 李艳云（1991～　），女，江苏盐城人，江南大学商学院硕士生，研究方向为预测决策理论与方法；谢旭燕（1990～　），女，江苏无锡人，江南大学商学院硕士生，研究方向为食品安全管理。

作用。然而，2004～2006 年我国生猪饲养成本不断上升，而且重大疫病时有发生，对生猪养猪户带来了巨大冲击，生猪存栏量急剧下降，市场价格持续上涨。为稳定生猪市场供应，满足猪肉市场的消费需求，自 2007 年起，中央政府先后出台了能繁母猪、生猪良种与疾病防疫等财政补贴，以及农业保险与扶持规模养殖等一系列生猪养殖业的支持政策。虽然政府"自上而下"的政策工具发挥了积极作用，然而在具体实践中也出现了一系列问题，特别是政策覆盖范围相对较窄，效率与公平失衡，而且发展条件的不同产生了不同地区政策执行标准的差异性，导致政策走样的现象时有发生，客观上政府扶持政策实施后并没有达到政策设计的预期效果[1～2]。作为政府生猪养殖扶持政策最直接的受益者，养殖户对生猪扶持政策效果的评价就成为衡量政策实施效果的重要指标，并对政府改革扶持政策具有重要的参考价值。为此，本文以养殖户为研究对象，基于政策效果评价模型分析现阶段政府生猪养殖扶持政策的实施效果，并采用有序 Probit 模型研究影响养殖户评价扶持政策的主要因素，旨在为完善政府生猪扶持政策提供参考。

二 简要文献回顾

生猪扶持政策作为政府实施的重要惠农政策，其实施效果一直为学界所关注。现有的研究主要围绕养殖户的政策满意度与政策因素对生猪产出、养殖户行为的影响而展开[3～4]。廖翼[5]通过对湖南生猪养殖户的调查，研究了养殖户对生猪产业扶持政策的满意度与敏感度，认为现阶段养殖户的总体满意度较高。周晶、陈玉萍等[6]基于自然实验和双重差分的研究方法，定量研究了生猪补贴政策对养殖规模的影响，研究表明，政府实施的"一揽子"补贴政策是 2007 年以来促进生猪养殖规模化加速发展的主要原因。然而，部分研究对政府扶持政策的实施效果存在明显的质疑。例如，张亚雄等[7]、杨朝英[8]认为生猪补贴政策对养殖户增加生猪供给并没有明显的刺激作用，养殖规模扩大的直接动力主要来自市场而非政府政策的激励。汤颖梅等[9]对江苏苏北地区生猪调出大县养殖户的调查发现，虽然政府的母猪补贴、母猪保险政策刺激了生产，但政策的出台打破了猪肉价格波动的蛛网状况，增加了生产者对生猪市场的预测难度，加大了市场价格风险。虽然政府通过补贴的手段，可以鼓励养殖户选择更优的养殖废弃物处理方式[10~11]，但李燕凌等[12]通过比较分析政府实施病死猪无害化处理公共补贴政策实施前后的情况发现，公共补贴政策实施后养殖户的病死猪处理方式虽有明显改变，减少了出售病死猪行为，但不加处理弃尸的现象仍较为普遍。

为此，学者们试图从不同的角度对政府扶持政策为什么在实际执行中出现偏差或低效等问题进行分析。例如，张金梅等[13]从农户对政策需求的角度分析了政府扶持政策执行力不足的主要原因在于农户期望需求与实际的政府扶持政策发生了错位。王良健等[14]指出政府扶持政策绩效不高的原因主要在于政策本身存在设计缺陷、政策施行环境与执行主体存在问题等。政策施行环境的复杂性、政策目标群体的异质性、政策执行资源的非均衡性、政策执行机构的组织特性是政策存在诸多结构性矛盾与执行过程中发生偏离的主要根源[15]。方首军等[16]、苏号[17]从保险公司运营成本、养殖户参保意愿、政府财政补贴资金落实情况、保险条款设计等角度解释了能繁母猪保险补贴政策难以持续的原因。乔娟等[18]对北京市的调查发现，病死猪无害化处理和生猪保险补贴政策的覆盖范围有限、补贴发放效率低等是部分养殖户（场）丢弃和出售病死猪等隐患存在的重要原因。崔小年等[19]的研究表明，能繁母猪补贴政策的导向作用与都市型畜牧业发展趋势与目标有一定的差异，导致能繁母猪补贴政策对养殖户生殖养殖的决策并没有显著的影响。总之，现有文献的研究更多的是以某一地区为研究对象，对某项具体扶持政策进行评估，鲜见从养殖户的角度综合评价政府扶持政策的研究文献。本文试图弥补现有研究的不足。

三 研究方法、调查组织与样本分析

（一）研究方法

1. 政策效果总体评价模型

根据式（1）可以计算养殖户对生猪养殖扶持政策实施效果的总体评

价值：

$$y_i = \sum_{j=1}^{m} p_j x_{ij} \tag{1}$$

在式（1）中，y_i 表示第 i 个样本对 m 项政策效果的总体评价值；x_{ij} 表示第 i 个样本对第 j 项政策效果的评价值；p_j 表示第 j 项政策的重要性评价值占 m 项政策重要性评价值的比重。在本文中，p_j 由式（2）得到：

$$p_j = \frac{1}{n}\sum_{i=1}^{n} p_{ij};p_{ij} = z_{ij}/\sum_{i=1}^{m} z_{ij} \tag{2}$$

在式（2）中，p_j 表示第 i 个样本对第 j 项政策的重要性评价值占第 i 个样本对 m 项政策的重要性评价值的比重；n 表示样本总数；p_{ij} 表示第 i 个样本对第 j 项政策的重要性评价值。

2. 有序 Probit 模型

本文采用有序 Probit 概率模型研究影响养殖户评价政府扶持政策效果的主要因素，Probit 模型的数学表达式如下：

$$y^* = X'\beta + \varepsilon;E[\varepsilon \mid X] = 0;\varepsilon \in (0,\sigma^2) \tag{3}$$

$$\begin{cases} \text{prob}(y = 1 \mid X') = \text{prob}(X'\beta + \varepsilon \leqslant a_1 \mid X') = \varphi\left(\dfrac{\alpha_1 - X'\beta}{\sigma}\right) \\ \text{prob}(y = 2 \mid X') = \text{prob}(a_1 < X'\beta + \varepsilon \leqslant a_2 \mid X') = \varphi\left(\dfrac{\alpha_2 - X'\beta}{\sigma}\right) - \varphi\left(\dfrac{\alpha_1 - X'\beta}{\sigma}\right) \\ \vdots \\ \text{prob}(y = n \mid X') = \text{prob}(X'\beta + \varepsilon > a_{n-1} \mid X') = 1 - \varphi\left(\dfrac{\alpha_{n-1} - X'\beta}{\sigma}\right) \end{cases} \tag{4}$$

在式（3）和式（4）中，y 表示在 $(1,2,\cdots,n)$ 上取值的有序响应；y^* 是潜在变量，不可观测；X 是解释变量向量；β 是待估参数向量；ε 是随机解释变量；σ^2 是 ε 的方差；$\alpha_k(k = 1,2,\cdots,n)$ 是区间分界点；φ 是标准正太累计分布函数。

（二）调查组织

本研究主要基于对生猪养殖户的调查而展开。在解读政府促进生猪养殖的主要扶持政策与研究文献的基础上设计调查问卷，且在江苏省南通市展开预调查①，并基于预调查发现的问题进行修改与最终确定问卷。2015年7～8月由江苏省食品安全研究基地组织专门的调查小组对出栏量较大的江苏、安徽、湖南与湖北四省的生猪养殖大县进行了调研②。考虑到受访的生猪养殖户（以下简称受访者）的受教育程度，为了避免受访者对所调查问题可能存在的理解上的偏误，调查采用一对一的访谈方式并当场由调查人员完成问卷填写，共回收有效问卷404份。

（三）样本的统计性分析

表1显示，江苏、安徽、湖南、湖北四省的样本量分别占样本总量的27.23%、24.26%、23.76%、24.75%，四省的受访者数量相当。在总体样本中，男性受访者占66.09%，高于女性所占比例；年龄在50岁以下的受访者占37.62%；受访者的受教育程度普遍较低，初中及以下水平

表1　样本的基本情况

类　别	特　征	样本量（个）	百分比（%）
地区	江苏	110	27.23
	安徽	98	24.26
	湖南	96	23.76
	湖北	100	24.75
性别	男	267	66.09
	女	137	33.91
年龄	<50岁	152	37.62
	≥50岁	252	62.38
受教育程度	初中及以下	317	78.47
	初中以上	87	21.53

① 江苏省南通市农业委员会公布的数据显示，南通市生猪养殖种类较多，不同层次的养殖户齐全，满足预调查的需要。

② 《中国统计年鉴》的数据显示，2013年江苏、安徽、湖北、湖南的生猪年出栏量分别为3049.6万头、2971.5万头、4356.4万头和5902.3万头，分别占中国大陆境内31个省份生猪年出量的4.26%、4.15%、6.09%和8.25%，年出栏量排名分别为第11、第12、第5和第3。

续表

类　别	特　征	样本量（个）	百分比（%）
养殖规模	<50 头	177	43.81
	50 ~ 499 头	161	39.85
	≥500 头	66	16.34
养殖年限	10 年以下	99	24.50
	10 年及以上	305	75.50

占 78.47%；然而受访者大多有较丰富的养殖经验，从事养猪行业 10 年及以上的高达 75.50%；散户（<50 头）、小规模养殖户（50 ~ 499 头）、大中规模养殖户（≥500 头）[①] 分别占样本总量的 43.81%、39.85%、16.34%。

四　养殖户认知与实施效果的统计性评价

2007 年以来政府陆续出台并实施了一系列生猪养殖扶持政策。问卷的设计与具体的调查主要围绕养殖户对政府促进生猪养殖扶持政策的评价而进行。养殖户对政策的认知与对实施效果的统计性评价简要描述如下。

（一）能繁母猪补贴与保险补贴政策

为有效保护能繁母猪的生产能力，稳定生猪生产，从 2007 年起国家财政实施能繁母猪补贴政策，对全国范围内饲养能繁母猪的养猪户（场）实施补贴政策，包括不同规模养殖场（种猪场）和不同类型的散养户，按照每头能繁母猪 50 元的标准进行补助，补贴标准从 2008 年起调整至 100 元。2009 年末全国生猪存量稳定，但因生猪市场及补贴政策的叠加作用，生猪

① 参照农业部畜牧业司发布的《中国畜牧业年鉴》，生猪散养是指养殖户（场）年出栏数量在 50 头以下的养殖组织形式，养殖规模是指养殖户（场）年出栏量在 50 头以上（含）的养殖组织形式。从 2008 年开始，养殖规模分为年出栏生猪 50 ~ 99 头、100 ~ 499 头、500 ~ 999 头、1000 ~ 2999 头、3000 ~ 4999 头、5000 ~ 9999 头、10000 ~ 49999 头和 50000 头以上等 8 种类型。本文结合国家对生猪标准化规模养殖场的补助标准，将出栏量<50 头统称为散户，50 ~ 499 头统称为小规模养殖户，≥500 头统称为大中规模养殖户。

市场供给过剩，价格下滑，2010 年能繁母猪补贴政策暂停执行。2011 年全国能繁母猪存量处于较低水平，国家财政继续实行能繁母猪补贴政策，但从 2013 年起国家财政又再次停止实施。在所调查的 404 份有效样本中，347 户为现阶段养殖母猪的养殖户，占总样本的 85.89%。表 2 显示，15.56% 的受访养殖户（以下简称受访者）对能繁母猪补贴政策“非常了解”，40.92% 的受访养殖户对能繁母猪补贴政策“比较了解”，且有 70.89% 的受访者表示获得过该项补贴，而 14.70% 的受访者则表示没听说过该政策，63.11% 的受访者认为此补贴政策需要改进。从实际调查情况来分析，希望国家继续实施该政策与提高补助额度是受访母猪养殖户最主要的建议。

表 2　能繁母猪补贴政策的认知情况与政策执行情况

	选　项	频　数	百分比（%）
是否养殖母猪	是	347	85.89
	否	57	14.11
	合　计	404	100
对能繁母猪补贴政策的认知情况	非常了解	54	15.56
	比较了解	142	40.92
	一般了解	52	14.99
	了解一点	48	13.83
	没听过	51	14.70
	合　计	347	100
是否拿到补贴	拿到过	246	70.89
	从来没有拿到	101	29.11
	合　计	347	100
现行政策是否需要改进	是	219	63.11
	否	128	36.89
	合　计	347	100
对政策改进的建议（多选）	提高补助金额	190	86.76
	扩大补助对象	45	20.55
	缩短补助发放时间	33	15.07
	继续实行该政策	56	25.57

在农业保险支持政策中，与生猪养殖户直接相关的就是能繁母猪保险

补贴政策①。该政策规定，每头基础母猪保险额度为 1000 元，保费 60 元，由政府和养殖户（场）按照 80∶20 的比例分摊承担保费。表 3 显示，28.24% 的受访者对能繁母猪保险补贴政策“非常了解”，40.92% 的受访者表示“比较了解”，并且 87.32% 的受访者购买了此保险，仅 12.54% 的受访者表示没有享受到补贴。虽然大部分受访者对保险补贴政策持肯定态度，但仍有 62.54% 的受访者认为政策需要改进，并且简化报销手续是政策实施过程中最需要解决的问题。

表 3　能繁母猪保险补贴政策的认知情况与政策执行情况

	选　项	频　数	百分比（%）
认知情况	非常了解	98	28.24
	比较了解	142	40.92
	一般了解	56	16.14
	了解一点	28	8.07
	没听过	23	6.63
	合　计	347	100
是否购买保险	是	303	87.32
	否	44	12.68
	合　计	347	100
是否享受补贴	是	265	87.46
	否	38	12.54
	合　计	303	100
现行政策是否需要改进	是	217	62.54
	否	130	37.46
	合　计	347	100
对政策改进的建议（多选）	提高补助金额	50	23.04
	放宽投保条件	48	22.12
	增加保险病种	22	10.14
	简化报销手续	179	82.49
	其他	16	7.37

① 实地调查显示，大部分地区没有推广育肥猪保险，故本文对此政策不展开相应的研究。

（二）生猪良种补贴政策

为加快生猪品种改良，提高生猪良种优化水平，从2007年起中央财政设立生猪良种补贴专项资金。该政策规定，使用良种猪精液开展生猪人工授精的母猪养殖者，包括散养户和规模养殖户（场），按照每头能繁母猪年繁殖两胎，每胎配种使用两份精液，每份精液10元测算，每头能繁母猪年补贴40元，供精单位按照补贴后的优惠价格向养殖者提供精液。表4显示，53.02%的受访者表示没听过该政策，仅有26.22%的受访者享受到该政策。综合四省的调查，依旧存在30.26%的养殖户倾向于传统的杂交方式。

表4　生猪良种补贴政策的认知情况与政策执行情况

	选　项	频　数	百分比（%）
认知情况	非常了解	19	5.48
	比较了解	46	13.26
	一般了解	43	12.39
	了解一点	55	15.85
	没听过	184	53.02
	合　计	347	100
是否享受补贴	是	91	26.22
	否（杂交）	256（105）	73.78（30.26）
	合　计	347	100

（三）生猪标准化规模养殖扶持政策

为促进标准化规模养殖，推进生猪养殖方式由粗放型向集约型转变，保障猪肉有效供给与提升猪肉质量安全，从2007年开始中央财政每年安排25亿元在全国范围内支持生猪标准化养殖场（小区）建设，生猪年出栏量达到500头的养殖户均有资格申请该项政策。表5显示，16.34%的受访者具有申请资格，其中69.70%的受访者进行了申请，申请成功的占54.35%。然而，对这项补贴力度较大的扶持政策，受访者的评价却截然不同。部分中小养殖规模的受访者评价很高，认为该政策对缓解资金压力、改善养殖条件与实施标准化养殖等具有重要作用。然而，部分申请成功的受访者则表示，申请扶持资金比较困难，审核周期长，且资金分批到账，而且正是由于一些养殖户非理性地扩大养殖规模，直接影响了生猪市场的稳定性。

表 5　生猪标准化规模养殖扶持政策的认知情况与政策执行情况

	选　项	频　数	百分比（%）
养殖规模	<500 头	338	83.66
	≥500 头	66	16.34
	合　计	404	100
认知情况	非常了解	34	8.42
	比较了解	46	11.39
	一般了解	89	22.03
	了解一点	101	25.00
	没听过	134	33.16
	合　计	404	100
是否申报	是	46	69.70
	否	20	30.30
	合　计	66	100
是否申报成功	是	25	54.35
	否	21	45.65
	合　计	46	100

（四）动物防疫补贴政策

做好动物疫病防疫工作，是促进生猪养殖业健康发展与降低养殖户风险的基础性工作。在现阶段政府已形成以重大动物疫病强制免疫补助、畜禽疫病扑杀补贴、病死猪无害化处理补助政策为主要内容的动物防疫补贴政策。

1. 重大动物疫病强制免疫补助政策

从 2007 年起国家财政对高致病性禽流感、口蹄疫、高致病性猪蓝耳病、猪瘟等重要动物疫病实行强制性免疫并提供相关疫苗，所需经费由中央财政和地方财政共同承担。表6显示，对该政策“非常了解”“比较了解”“一般了解”“了解一点”“没听过”的受访者分别占样本量的13.36%、32.18%、17.08%、17.33%、20.05%，同时18.32%的受访者没有获得过免费疫苗。然而，在获得过免费疫苗的养殖户中，只有不足50%的受访者认为疫苗质量“特好”或“好”。78.96%的受访者认为政策需要改进。由于运输、储存、保管不善等原因，政府免费提供的疫苗质量大打折扣，且疫苗种类不全，为避免疾病风险，养殖户更倾向于自行购买高质量、高价格的疫苗，保证生猪安全。

表6　重大动物疫病强制免疫补助政策的认知情况与政策执行情况

	选　项	频　数	百分比（%）
认知情况	非常了解	54	13.36
	比较了解	130	32.18
	一般了解	69	17.08
	了解一点	70	17.33
	没听过	81	20.05
	合　计	404	100
是否拿到免费疫苗	是	330	81.68
	否	74	18.32
	合　计	404	100
疫苗效果	特好	16	4.85
	好	144	43.64
	较好	57	17.27
	一般	86	26.06
	说不清	27	8.18
	合　计	330	100
现行政策是否需要改进	是	319	78.96
	否	85	21.04
	合　计	404	100
对政策改进的建议（多选）	增加疫苗种类	126	39.50
	提高疫苗质量	188	58.93
	疫苗及时发放	39	12.23
	其他	34	10.66

2. 畜禽疫病扑杀补贴政策

国家对高致病性禽流感、口蹄疫、高致病性猪蓝耳病等实施强制性扑杀，并由中央和地方财政共同承担因扑杀染病畜禽而对养殖者造成的损失。表 7 显示，仅有 15.59% 的受访者对此政策“非常了解”或“比较了解”。这可能与近几年我国鲜有生猪重大疫病发生直接有关，因此本文对此政策不做深入研究。

表 7　畜禽疫病扑杀补贴政策的认知情况与政策执行情况

	选　项	频　数	百分比（%）
认知情况	非常了解	16	3.96
	比较了解	47	11.63
	一般了解	66	16.34
	了解一点	90	22.28
	没听过	185	45.79
	合　计	404	100

3. 病死猪无害化处理补贴政策

为遏制病死猪流入市场与乱扔乱抛而导致环境污染，自 2007 年开始国家财政实施病死猪无害化处理的补助政策，补助标准为 80 元/头，补助经费由当地财政部门通过“一卡通”等方式直接拨付给生猪养殖户。表 8 显示，分别有 10.64% 和 21.53% 的受访者对此补贴政策“非常了解”和“比较了解”，41.83% 的受访者表示“没听过”该项政策。82.67% 的受访

表 8　病死猪无害化处理补贴政策的认知情况与政策执行情况

	选　项	频　数	百分比（%）
认知情况	非常了解	43	10.64
	比较了解	87	21.53
	一般了解	46	11.39
	了解一点	59	14.61
	没听过	169	41.83
	合　计	404	100

续表

	选　项	频　数	百分比（%）
是否进行无害化处理	是	334	82.67
	否	70	17.33
	合　计	404	100
是否拿到80元补贴	是	102	30.54
	否	232	69.46
	合　计	334	100
现行政策是否需要改进	是	302	74.75
	否	102	25.25
	合　计	404	100
对政策改进的建议（多选）	提高补助金额	118	39.07
	减少审核周期，提高处理效率	136	45.03
	加快补助金的发放	43	14.24
	其他	29	9.60

者表示对病死猪实施了无害化处理，而仅有30.54%的受访者全额获得了80元补贴。较少比例的受访者获得补贴的主要原因是，生猪病死后从申报到无害化处理完成耗时太长，同时一般中小散户生猪的销售以周边城镇为主，往往选择隐瞒并自行处理病死猪的方式，虽然补贴能够弥补部分损失，但申请补贴可能需要付出更高的声誉成本，这也是74.75%的受访者认为该项政策需要改进的主要原因。

五　政策效果评价与影响因素

（一）生猪养殖扶持政策的效果评价

借鉴相关研究中政策效果的评估方式[20~21]，本研究在调查问卷中设计了评价政策效果“非常满意”、“基本满意”和“不满意”3个选项，在调查员对每项政策做出详细解释后供受访者根据自己的判断选择，“非常满意”、“基本满意”和“不满意”相对应的赋值分别为100、60和0，对政策重要性评价的赋值从“最重要”到“最不重要”依次为10、8、6、4、2。

1. 政策重要性评价

按照受访者对各项政策重要性的评价值，能繁母猪保险补贴政策、能繁母猪补贴政策、动物防疫补贴政策、生猪良种补贴政策、标准化规模养殖扶持政策，占政策总体评价值的比重分别为 27.13%、21.50%、18.77%、17.57%、15.03%（见表 9），其中受访者普遍认为能繁母猪保险补贴政策最重要。上述研究结果，在一定程度上反映了受访者对政府扶持政策的需求程度。

政策对象的基本特征在不同程度上影响受访者对政策重要性的评价。比如，以受访者养殖规模的属性为例来分析，表 9 显示，除能繁母猪保险补贴政策是所有不同规模的受访者普遍认为最重要的政策外，年出栏量在 50 头以下的受访者，对能繁母猪补贴政策的重要性评价较高，而年出栏量为 50～499 头的受访者则更重视动物防疫补贴政策，年出栏大于 500 头的受访者又更重视标准化规模养殖扶持政策。

表 9　政策重要性评价结果

分　类	分类值	能繁母猪补贴政策	能繁母猪保险补贴政策	生猪良种补贴政策	动物防疫补贴政策	标准化规模养殖扶持政策
性别	男	6.26	8.09	5.07	5.49	5.08
	女	6.79	8.24	5.66	5.88	3.43
年龄	50 岁以下	6.07	8.01	5.36	5.21	5.33
	50 岁及以上	6.70	8.23	5.21	5.91	3.94
受教育程度	初中及以下	6.63	8.13	5.24	5.80	4.18
	初中以上	5.79	8.18	5.36	5.03	5.64
年出栏量	<50 头	7.32	8.11	5.33	5.88	3.36
	50～449 头	5.97	8.29	5.56	6.09	4.08
	≥500 头	5.36	7.90	4.44	3.90	8.41
养殖年限	10 年以下	6.06	7.83	5.78	5.37	4.96
	10 年及以上	6.58	8.27	5.09	5.72	4.34
养殖收入占家庭收入的比重	30% 及以下	7.33	8.12	5.25	5.84	3.45
	30% 以上	5.53	8.16	5.29	5.41	5.59
总体	评价值	6.45	8.14	5.27	5.63	4.51
	比重（%）	21.50	27.13	17.57	18.77	15.03

2. 政策效果评价

表10显示，按照受访者对政策效果的评价值从大到小排序，依次是能繁母猪保险补贴政策、能繁母猪补贴政策、动物防疫补贴政策、生猪良种补贴政策、标准化规模养殖扶持政策，相对应的评价值分别为75.64、67.68、55.59、52.55、48.31，所有政策的总体评价值为63.47。通过与表9中的政策重要性评价比较可以发现，受访者对各项政策效果的评价与政策重要性评价的排序保持一致，对能繁母猪补贴政策、能繁母猪保险补贴政策的效果评价处于“基本满意”和“非常满意”之间，而对标准化规模养殖扶持政策的效果评价最低。

由表10可知，除动物防疫补贴政策外，男性受访者对其余各项政策的效果评价均高于女性，且差异较为明显。初中以上受教育程度的受访者对各项政策的效果评价均高于初中及以下水平的受访者。年出栏量在500头及以上的受访者对能繁母猪补贴政策、能繁母猪保险补贴政策、生猪良种补贴政策、标准化规模养殖扶持政策的效果评价均高于500头以下的受访者，其中对能繁母猪保险补贴政策的效果评价高于90，接近“非常满意”，但对动物防疫补贴政策的效果评价要低于年出栏量在500头以下的受访者。虽然年出栏量在50头以上的受访者对标准化规模养殖扶持政策的效果评价要高于年出栏量在50头以下的受访者，但是对规模养殖扶持政策的评价值仅处于“基本满意”水平。养殖年限为10年及以上的受访者对各项政策的效果评价均高于10年以下的受访者。

表10　政策效果评价结果

分　类	分类值	能繁母猪补贴政策	能繁母猪保险补贴政策	生猪良种补贴政策	动物防疫补贴政策	标准化规模养殖扶持政策	总体情况
性别	男	71.89	81.41	55.86	55.15	53.22	67.48
	女	59.84	64.92	46.39	56.39	39.18	55.99
年龄	50岁以下	69.64	75.60	53.19	52.06	52.48	63.57
	50岁及以上	66.35	75.67	52.12	57.98	45.48	63.40

续表

分　类	分类值	能繁母猪补贴政策	能繁母猪保险补贴政策	生猪良种补贴政策	动物防疫补贴政策	标准化规模养殖扶持政策	总体情况
受教育程度	初中及以下	66.42	73.51	50.99	54.69	45.17	61.53
	初中以上	72.05	83.08	57.95	58.72	59.23	70.21
养殖规模	<50 头	62.8	71.73	47.33	62.4	38.13	59.66
	50～449 头	68.57	72.71	55.43	52.14	52.29	63.41
	≥500 头	77.97	92.54	58.98	46.44	64.75	73.27
养殖年限	10 年以下	63.48	69.13	46.30	47.83	44.78	56.68
	10 年及以上	69.18	77.98	54.79	58.37	49.57	65.89
养殖收入占家庭收入的比重	30% 及以下	62.26	69.60	44.41	58.64	39.21	58.17
	30% 以上	73.25	81.86	60.93	52.44	57.67	68.91
总体	评价值	67.68	75.64	52.55	55.59	48.31	63.47

（二）影响政策效果评价的主要因素分析

1. 变量定义与赋值

模型的因变量是受访者对各项政策效果的评价等级。本文将受访者对各项政策效果的总体评价分为 5 个等级：59 及以下 =1，60～69 =2，70～79 =3，80～89 =4，90 及以上 =5。模型的解释变量分为 3 类：个体特征变量、家庭特征变量、生产特征变量。具体变量定义与赋值见表 11。

2. 模型结果分析

根据前文所述的研究方法，运用 SPSS21.0 对样本数据进行有序 Probit 回归。表 12 的模型估计结果显示，性别、养殖规模在 500 头及以上、养殖年限、养殖收入占家庭收入的比重显著影响政策效果的总体评价。从对被解释变量的影响方向和大小看，男性养殖户对各项政策的效果评价显著高于女性；出栏量在 500 头及以上与政策效果的总体评价具有显著正相关关系。养殖年限为 10 年及以上、养殖收入占家庭总收入的比重高于 30% 的特征变量均在 5% 的水平上显著影响政策效果的总体评价，评价值高于养殖年限 10 年以下、养殖收入比重低于 30% 的特征变量。

表 11 变量定义与赋值

类别		变量	定义	均值
因变量		对政策效果的总体评价	59 及以下 =1，60～69 =2，70～79 =3，80～89 =4，90 及以上 =5	
自变量	个体特征	性别	男 =1，女 =0	0.66
		年龄	44 岁及以下 =1，45～54 岁 =2，55～64 岁 =3，65 岁及以上 =4	2.39
		受教育程度	初中以上 =1，初中及以下 =0	0.22
	家庭特征	家庭人口数	实际人口数	4.93
		养殖收入占家庭收入的比重	30% 以上 =1，30% 及以下 =0	0.49
		养殖规模：<50 头	是 =1，否 =0	0.44
	生产特征	养殖规模：50～499 头	是 =1，否 =0	0.40
		养殖规模：≥500 头	是 =1，否 =0	0.16
		养殖年限	10 年及以上 =1，10 年以下 =0	0.76

表 12 有序 Probit 模型估计结果

变量	系数	标准误	Wald	P 值
个体特征				
性别	0.733 **	0.211	12.036	0.00D1
年龄	-0.036	0.104	0.121	0.727
受教育程度	0.357	0.238	2.260	0.133
家庭特征				
家庭人口数	0.032	0.029	1.267	0.260
养殖收入占家庭收入的比重	0.476 *	0.237	4.026	0.045
生产特征				
养殖规模（对照组：<50 头）				
养殖规模：50～499 头	0.062	0.245	0.064	0.801
养殖规模：≥500 头	0.351 *	0.348	1.018	0.028
养殖年限	0.571 *	0.226	6.351	0.012
临界点 1	0.600	0.365	2.692	0.101
临界点 2	1.581 **	0.373	18.001	0.000
临界点 3	2.397 **	0.383	39.228	0.000
临界点 4	3.935 **	0.416	89.403	0.000

注：**表示在 1% 的水平上显著，*表示在 5% 的水平上显著。

六　主要结论

综上所述，政府促进生猪养殖的扶持政策在不同程度上提高了养殖户的养殖积极性，在抵御养殖风险、稳定生猪生产等方面发挥了重要作用。尽管不同地区养殖户对政策效果的评价并不一致，政策需要进一步改善，但总体而言，养殖户对当前政府实施的生猪养殖扶持政策的总体效果评价处于“基本满意”水平，而且养殖户对具体政策的需求程度与其对此项政策效果的评价值排序保持一致，从高到低依次是能繁母猪保险补贴政策、能繁母猪补贴政策、动物防疫补贴政策、生猪良种补贴政策、标准化规模养殖扶持政策。进一步分析，男性养殖户对生猪扶持政策效果的总体评价显著高于女性，具有出栏量在 500 头及以上的大中规模生产特征的养殖户对政策效果的评价显著高于出栏量小于 50 头的散户，养殖年限、养殖收入占家庭总收入的比重等生产特征也与政策效果的总体评价显著正相关。

本文的研究结论对进一步完善政府现有的促进生猪养殖的扶持政策具有一定的参考价值，主要是政府职能部门尤其是农村基层组织必须加大对各项政策的宣传力度，保证政策及时有效地向养殖户传达，提高养殖户对政策的认知程度，充分发挥扶持政策的导向作用。政府应该了解养殖户对生猪养殖扶持政策的需求，因地制宜地调整与优化相关政策，努力做到精准扶持养殖。各省份应该严格严肃且全面执行国家政策，不能过分强调自身的特殊性，使国家政策在基层打折扣，由此导致省份间的差异性，与此同时要保证相关政策的连续性与稳定性，保护养殖户的生产积极性，实实在在地引导养殖行业规范有序发展。各省份应该从实际出发，把握突出问题，创造性地完善生猪养殖扶持政策，着力解决资金短缺、技术受限、人员不足等瓶颈，建立推动生猪产业健康发展的长效机制。

参考文献

[1] 王晓芳、王军锋：《农民对惠农政策落实状况的反映——甘肃省的调查分析》，《中国农村经济》2007 年第 2 期。

[2] 李婷、肖海峰：《农户对中国政策性农业保险开展状况的评价——基于吉林、江苏两省农户问卷调查的分析》，《中国农村经济》2009 年第 6 期。

[3] Schulz, L. L., Tonsor, G. T., "Cow - Calf Producer Preferences for Voluntary Traceability Systems," *Journal of Agricultural Economics*, 2010, 61 (1): 138 - 162.

[4] Läpple, D., "Adoption and Abandonment of Organic Farming: An Empirical Investigation of the Irish Drystock Sector," *Journal of Agricultural Economics*, 2010, 61 (3): 697 - 714.

[5] 廖翼：《中国生猪产业扶持政策的满意度及敏感性分析》，《技术经济》2014 年第 6 期。

[6] 周晶、陈玉萍、丁士军：《"一揽子"补贴政策对中国生猪养殖规模化进程的影响——基于双重差分方法的估计》，《中国农村经济》2015 年第 4 期。

[7] 张亚雄、吴玉兰、陈在江等：《落实国家生猪补贴政策过程中的体会和建议》，《中国畜牧杂志》2007 年第 24 期。

[8] 杨朝英：《中国生猪补贴政策对农户生猪供给影响分析》，《中国畜牧杂志》2013 年第 14 期。

[9] 汤颖梅、侯德远、王怀明等：《母猪补贴与母猪保险政策对养殖户决策的影响分析》，《中国畜牧杂志》2010 年第 14 期。

[10] Danso, G., Drechsel, P., Fialor, S. et al., "Estimating the Demand for Municipal Waste Compost via Farmers' Willingness - to - pay in Ghana," *Waste Management*, 2006, 26 (12): 1400 - 1409.

[11] 虞祎、张晖、胡浩：《排污补贴视角下的养殖户环保投资影响因素研究——基于沪、苏、浙生猪养殖户的调查分析》，《中国人口·资源与环境》2012 年第 2 期。

[12] 李燕凌、车卉、王薇：《无害化处理补贴公共政策效果及影响因素研究——基于上海、浙江两省（市）14 个县（区）773 个样本的实证分析》，《湘潭大学学报》（哲学社会科学版）2014 年第 5 期。

[13] 张金梅、邓谨：《惠农政策实施效果评价及对策研究——以国家级贫困县为例》，《中国农学通报》2011 年第 26 期。

[14] 王良健、罗凤：《基于农民满意度的我国惠农政策实施绩效评估——以湖南、湖北、江西、四川、河南省为例》，《农业技术经济》2010 年第 1 期。

[15] 谢来位：《惠农政策"自上而下"执行的问题及对策研究》，《经济体制改革》2010 年第 2 期。

[16] 方首军、李宗华：《政策性能繁母猪保险实践：模式、困境与启示——基于广东阳江的实证》，《农村金融研究》2012 年第 1 期。

[17] 苏号：《山东省能繁母猪保险政策的实施效果分析与优化》，山东农业大学硕士学位论文，2014。

[18] 乔娟、刘增金：《产业链视角下病死猪无害化处理研究》，《农业经济问题》2015 年第 2 期。

[19] 崔小年、乔娟：《北京市能繁母猪补贴政策的理论探讨与实证分析》，《农业部管理干部学院学报》2012 年第 1 期。

[20] 罗万纯：《中国农村政策效果评价及影响因素分析——基于村干部视角》，《中国农村经济》2011 年第 1 期。

[21] 王诚：《农业支持政策效果评价：农户认知视角——来自恩施 7 村 426 个农户的微观数据分析》，《经济研究导刊》2014 年第 36 期。

基于现实情境的村民委员会参与农村食品安全风险治理的行为研究*

吕煜昕　山丽杰　林闽钢**

摘　要： 基于对山东、江苏、安徽和河南四省1242个村委会的问卷调查，运用因子分析和聚类分析方法，实证测度了现实情境下村委会参与农村食品安全风险治理的行为。研究结果表明，村委会参与食品安全风险治理的行为内含食用农产品安全生产、食品安全流通消费、宣传职能建设和基础治理职能建设4个因子，分别对应不同的治理重点和方式：食用农产品生产环节与源头治理型、流通消费环节与效果追求型、宣传职能建设与信息公开型、基础治理职能建设与职能推动型。根据上述4个因子，将现阶段不同治理行为的村委会划分为参与传统型、参与起步型、参与断点型和参与全面型4种类型。这些结论对在新的历史时期促进村委会的职能建设，引导村委会参与农村社会治理尤其是防范农村食品安全风险具有重要的作用。

关键词： 村民委员会　食品安全　社会共治　因子分析　聚类分析

一　引言

近年来，在我国广大农村地区持续爆发了一系列食品安全事件，最典

---

*　国家社会科学基金重大项目“食品安全风险社会共治研究”（项目编号：14ZDA069）、江苏省高校人文社科优秀创新团队项目“中国食品安全风险防控”（项目编号：2013－011）。

**　吕煜昕（1992～　），男，山东淄博人，江南大学商学院硕士研究生，研究方向为食品安全管理；山丽杰（1978～　），女，河北任丘人，博士研究生，江苏省食品安全研究基地副教授，研究方向为食品安全管理；林闽钢（1967～　），男，福建福州人，南京大学政府管理学院副院长、教授、博士生导师，研究方向为社会学。

型的是病死猪肉流入市场的事件屡禁不止，而且呈现事件曝光数量逐年上升、犯罪参与主体多元化、跨区域犯罪可能成为常态的特征[1]。与此同时，随着城市食品安全治理力度的加大，假冒伪劣、过期等问题食品不同程度地流向农村食品市场，加大了农村食品市场治理的难度[2]。事实反复证明，我国农村食品安全风险治理领域存在巨大问题。农村地区既是食用农产品的主要来源地，又是食品消费市场的重要组成部分，确保农村食用农产品生产与食品消费市场的安全对我国农业生产与食品工业的健康发展起着基础性作用，对确保农村全面建成小康社会具有基础性的作用[3~4]。然而，农村地区面积辽阔，农产品的生产以分散的农户为主，食品市场以小卖部和小摊贩为主，呈现布局分散、聚集程度低的特征，监管难度大[5]。因此，相比于城市，农村地区的食品安全隐患更多，形势更为严峻，是目前我国食品安全监管最薄弱的环节[6~7]。

事实上，食品安全风险治理是世界性难题。20 世纪后期，西方福利国家政府“超级保姆”的角色定位产生职能扩张、机构臃肿、效率低下等问题，在食品安全风险治理问题上显得力不从心[8]。1996 年爆发的源自英国且引起全世界恐慌的疯牛病与后续发生的一系列恶性食品安全事件，沉重打击了公众对政府食品安全风险治理能力的信心[9~10]。政府亟须寻找新的、更有效的食品安全风险治理方法以应对公众的期盼和媒体舆论的压力[11]。因此，从 20 世纪末期开始，发达国家的政府开始对食品安全规制的治理结构进行改革[12~14]。作为一种更透明、更有效的团结社会力量参与的治理方式，食品安全风险社会共治（Co – Governance）应运而生并不断发展[15~17]。进一步分析，更加注重社会力量作用的发挥是食品安全风险社会共治区别于传统治理方式的一大特点[18]。社会力量是指能够参与并作用于社会发展的基本单元，作为相对独立于政府、市场的“第三领域”，主要由公民与各类社会组织等构成[19~20]。各类社会组织等社会力量在保障食品安全方面发挥着重要作用，其所采用和实施的治理方法能够在不同程度上对政府治理行为发挥着不可替代的补充性作用[21]。

国际学界大量的研究与发达国家充分的实践表明，相比于传统的治理方式，食品安全风险社会共治能以更低的成本和更有效的资源配置提高食品安全风险治理水平[22]，已被公认为有效治理和解决食品安全风险问题的基本途径。基于国际经验，2013 年 6 月在以“社会共治同心携手维护食品安全”为主题的全国食品安全宣传周上，首次提出了构建“企业自律、政府监管、社会协同、公众参与、法治保障”的食品安全风险社会共治的概念。2015 年 4 月第十二届全国人大常委会第十四次会议修订通过的《中华人民共和国食品安全法》则法治化地界定了社会共治的概念，由此表明了社会共治已经成为我国治理食品安全风险的基本准则。因此，食品安全风险社会共治也就理所当然地成为我国治理农村食品安全风险的基本路径。

基层群众自治制度是我国的基本政治制度，而村民委员会（以下简称村委会）则是基层群众自治制度在农村的体现。因此，作为农村地区最重要、最基本的社会组织的村委会就成为参与农村食品安全风险治理，有效弥补政府失灵与市场失灵的最实际、最有效的途径[23]。然而，鲜有文献研究村委会在农村食品安全风险治理中的现实行为。因此，本文基于因子分析和聚类分析的方法，研究现实情境下村委会参与农村食品安全风险治理的外部表现、内在结构与分类维度，实证测度村委会参与农村食品安全风险治理的现实行为，并由此提出政策建议。本文第二部分是文献回顾，第三部分是参与现实治理行为测度量表的构建，第四部分是调查设计与统计性分析，第五部分是结果分析，第六部分是主要结论与政策建议。

二　文献回顾

从经济学的视角来考量，生产者和消费者之间的食品信息不对称是食品安全问题产生的根源，同时也是政府在食品安全风险治理领域进行行政干预的根本原因[24]。然而，随着经济社会的不断发展，人们逐渐认识到，单一的政府监管为主导的模式也存在政府失灵现象[25]。因此，食品安全风险治理还必须引入非政府组织等社会力量，引导全社会共同治理[26~27]。对此，国内外学者就社会组织在食品安全风险治理中的作用展开了大量的研究。在国外，诸多学者研究认为，消费者协会、行业自律组织等第三方社会力量可以充当连接政府监管者、市场经营者和消费者的桥梁，具有矫正政府失灵和市场失灵的双重作用，在食品安全风险治理中具有重要优势[28~30]。在国内，欧元军的研究指出市场中介组织、社会团体、基层群众性自治组织等社会中介组织是国家与企业之间的桥梁，既能协助政府做好对企业的监管工作，也能代表企业向国家提出正当的诉求，可以在食品安全监管中发挥重要功能[31]。进一步的，郭志全、王晓芬和邓三、毛政和张启胜研究认为在农村社会管理中的村委会、各类专业合作社、行业协会以及农民自愿组成的公益性组织应在农村食品监管中发挥主体作用[32~34]。虽然已有的研究强调了社会组织在食品安全风险治理中的作用，但更多的学者侧重于研究某一具体类型的社会组织在农村食品安全风险治理中的作用。

21 世纪初，农民专业合作社等农民合作经济组织迅猛发展，而同期我国的食品安全事件也进入了高发期。在此背景下，学者们对农民合作经济组织在农村食品安全风险治理中的作用展开了大量研究。张雨、黄俐华等研究认为农民合作经济组织是我国食用农产品生产与加工的主体部分，在很大程度上直接影响食品安全风险治理，任何类型的食品安全监管体系均离不开农民合作经济组织的参与[35~36]。任国之和葛永元研究发现农民专业合作组织通过发挥组织内部的自律功能来保障农产品源头安全的优势是不可替代的[37]。黄季焜、张梅和郭翔宇等认为通过农资统一供应、农产品统一加工和包装等过程控制保障农产品安全是农民专业合作社的一大优势[38~39]。白丽和巩顺龙等进一步补充认为，农民专业合作社在食品安全标准的扩散中具有独特的优势[40~41]。因此，张千友和蒋和胜、陈新建和谭砚文、贺岚提出要在农村构建以农民合作经济组织为主体的食品安全监管体系[42~44]。

因为在食品安全风险治理中的特殊地位，食品行业协会受到学者们的关注。已有研究更多的是基于食品供应链完整体系的视角，虽然这些研究在一定程度上涉及农村地区，但专注于行业协会在农村食品安全风险治理中作用的研究相对较少。Gunningham 和 Sinclair、詹承豫和刘星宇认为食品行业协会拥有比政府和公民更多的行业信息，可以为食品安全风险评估提供相关科学数据、技术信息等，并以各种方式将信息传递给政府、企业和社会[45~46]。刘文萃研究发现食品行业协会的自律监管在信息获取、监管动力、监管成本、监管范围等诸多方面具有不可替代的功能优势，可以有效弥补政府行政监管的不足[47]。范海玉和申静进一步认为，作为连接政府与公众的桥梁和纽带，食品行业协会应向消费者推荐值得信赖的优质产品，加大对劣质产品的曝光力度，将生产不合格产品的企业列入“黑名单”。与此同时，也有学者客观地分析了食品行业协会的缺陷[5]。郭琛研究发现在保障农村食品安全方面，我国的食品行业协会存在经济自治权限不完备、法人治理结构不健全等局限[48]。倪楠认为农村区域大、食品经营单位分散的特点很难形成食品行业协会，现有的省市乃至县级层面的少量食品行业协会在农村没有基点，很难对农村地区从事食用农产品初级生产与加工的小作坊、小加工企业的自律性进行监管，而全国性食品行业协会的自律功能在农村食品安全风险治理领域更是鞭长莫及[7]。

学者们还探究了其他社会组织在农村食品安全风险治理中的作用。孙艳华和应瑞瑶提出了消费合作社的概念，认为在现有条件下成立消费合作社有助于保障农村食品消费安全[49~50]。周永博和沈敏认为基层社会自组织——基层商会可及时通过行业自律等道德约束手段解决我国的农村食品安全问题[51]。詹承豫和刘星宇认为消费者协会可以起到联系者和信息传递者的作用，其覆盖面广、影响范围大等特点将为我国农村食品安全风险治理贡献力量[46]。徐旭晖认为供销合作社在农药经营市场的规范管理上具有一定的优势，可以防止剧毒农药的非法滥用，对保障农产品的质量安全具有重要意义[52]。

综上所述，与发达国家相比较，我国比较独特的农村食品安全风险治理问题虽然引起了国内学者的极大关注，但现有研究更多地关注消费合作社、消费者协会等社会组织尤其是农民合作经济组织、食品行业协会的作用。然而，由于农民合作经济组织往往只局限于农产品生产环节，难以全程参与农村食品安全风险治理，而食品行业协会在我国本身就数量少、发育不良，其触角能否延伸到农村并有效发挥作用也有待进一步观察。因此，在我国农产品生产以家庭化、小规模为主体，以及农村食品市场区域大、经营分散的背景下，作为我国农村地区组织最健全、法律地位最明确、分布最广泛、与食品生产和消费联系最紧密的自治组织，村委会可以调动作为农产品生产与食品消费主体的广大农民的积极性，集合群体的力量有针对性地参与食品安全风险治理，有效弥补农民经济合作组织、其他各类公益性协会等社会组织的不足，在农村食品安全风险治理方面具有巨大潜力。然而，纵观我国农村改革与发展的历程，村委会在食品安全风险治理中的作用几乎没有得到关注。

1982 年五届全国人大第五次会议通过并施行的《中华人民共和国宪法》首次明确了村委会是我国农村基层群众性自治组织的功能定位。1987 年六届全国人大常委会第二十三次会议审议通过的《中华人民共和国村民委员会组织法（试行）》，以及 1998 年九届全国人大常委会第五次会议正式施行并于 2010 年十一届全国人大常委会第十七次会议修订的《中华人民共和国村民委员会组织法》进一步明确了在我国农村乡镇以下设立村委会的“乡政村治”体制，由此改革开放后逐步形成的农村村民自治制度最终以法律的形式确立并基本完善。20 世纪末，由于历史条件的限制，在“政治承包责任制”下的村委会的主要工作就是落实乡镇政府下派的“三提五统”收缴任务，难以顾及农村的基本公共服务[53~54]。进入 21 世纪，税费的改革与农业税的取消等，使村委会能够在继续履行调解民间纠纷、协助维护社会治安等传统公共服务职能的同时，开始逐步参与新形态的农村公共服务，并成为我国新农村建设的体制性基础。随着农村生态环境恶化变成农村公共服务和新农村建设的突出问题，村委会成为农村环境治理的重要参与主体并在其中发挥突出的作用[55~56]。

现行的《中华人民共和国村民委员会组织法》在相关条款中规定“村民委员会办理本村的公共事务和公益事业”。然而，同样作为农村公共服务和新农村建设的重要内容，农村食品安全的治理并未被有效纳入村委会的基本职能之中，也鲜见学者对此问题展开研究。为此，为了探寻我国农村食品安全风险治理的有效路径，本文重点就村委会参与食品安全风险治理的现实行为展开初步的研究。

三　参与现实治理行为测度量表的构建

村委会参与农村食品安全风险治理的现实行为是本文的核心问题，

因此需要构建参与治理行为的测度框架。目前，学术界对治理主体参与食品安全风险治理行为有不同维度的划分，而且主要从治理内容、治理方式两个层面进行划分[57]。从治理内容的角度，可以分为横向的内容治理与纵向的过程治理，内容治理即指农药残留的检测、重金属含量的检测、有害微生物的检测等，过程治理则主要指对食用农产品（食品）从农田到餐桌的整个生产、流通、消费等全过程的治理。从治理方式的角度，主要是按照现有的法律规章及技术水平，分为标准化治理与非标准化治理。标准化治理是指根据食品安全标准，通过检测技术进行抽检，非标准化治理则是指治理主体根据各自的经验进行治理，具有一定的主观性。由于村委会不具备执法职能，也不具备检测农药残留等能力，因此其并不履行内容治理的职能，而治理方式只能也只应该是按照其自治职能对村辖范围内涉及的食用农产品与食品生产、流通、消费等进行非标准化治理，并协助政府等治理主体监督法律法规的实施，采用村规民约约束生产经营者，对村民进行宣传等。总之，基于职能与客观现实，村委会参与风险治理更多的是采用间断性的过程治理和非标准化治理相结合的治理方式。

然而，目前我国农村食品安全风险治理面临的最主要的问题是，食用农产品生产过程中非法滥用农药、兽药与饲料添加剂等行为，以及长期以来土壤受过量化学品投入与重金属污染而导致农药残留与重金属超标等[1]；无证照的小作坊式的食品加工商与小餐饮店普遍存在，流通环节销售的食用农产品与食品来源渠道不明，而糕点、熟食、干果、酒等食品散装的比例较高，部分包装食品没有标明保质期，更可怕的是假冒伪劣食品、过期食品与其他不合格食品在农村食品市场上较为普遍存在[58]。与此同时，农村食品安全科普教育落后，村民的食品安全知识匮乏。以广东省为例，仅有2.7%的农村集镇持续全面地开展食品安全科普教育，而仅在出现食品安全事故时才进行宣传的农村集镇约占37.7%，几乎没有宣传过的约占26.5%[59]。因此，根据农村食品安全风险治理面临的最主要的现实问题，把握村委会的职能，基于间断性的过程治理和非标准化治理相结合的治理方式，本文将村委会参与治理行为设定为食用农产品生产环节与食品流通消费环节治理两个维度。同时考虑到村委会是否依据法律明确的

“乡政村治”体制要求，履行参与风险治理职能对治理行为具有举足轻重的地位，故构建了食品安全风险治理职能建设维度。基于这 3 个维度，本文在征求相关专家组建议的基础上设计且通过预调查修改，最终确定如表 1 所示的测度村委会参与食品安全风险治理的行为量表，并通过对村干部的调查问卷获得数据。调查问卷共确定了 16 个题项，将村干部的回答分为“非常差”“比较差”“一般”“比较好”“非常好”（分别用 1 ~ 5 表示）5 个等级，据此客观测度村委会参与风险治理的行为能力。在此基础上，展开因子分析获取村委会参与风险治理的结构维度，提取影响其参与风险治理行为的关键因子，并基于聚类方法进行分类，获取其参与治理行为的分类维度。

表 1　村委会参与农村食品安全风险治理的行为量表

分　类	题项序号	题项内容	均值	标准差
食品安全风险治理职能建设	F1	将参与风险治理纳入基本职能	2.37	1.05
	F2	明确参与风险治理的村委会成员	2.19	1.13
	F3	建立食品安全知识的科普机制与实施路径	3.55	0.70
	F4	建立风险治理信息的预警制度	3.39	0.70
食用农产品生产环节的治理	F5	参与查处农产品种植过程中滥用农药的行为	3.09	1.11
	F6	参与查处畜禽养殖过程中滥用兽药与添加剂的行为	3.55	0.78
	F7	参与监督病死畜禽（如病死猪）的无害化处理行为	3.38	0.81
	F8	协助举报与查处非法收购病死畜禽（如病死猪）的行为	4.39	1.04
	F9	参与检查生猪屠宰场的屠宰行为	3.50	0.64
	F10	参与检查食品小作坊的生产行为	2.91	0.81
食品流通消费环节的治理	F11	参与检查食品零售店的经营行为	2.54	0.99
	F12	参与检查餐饮店的经营行为	2.53	0.98
	F13	参与检查集贸市场的经营行为	3.27	0.79
	F14	参与检查食品流动摊点的经营行为	3.09	0.87
	F15	参与报告食物中毒事件	2.88	0.86
	F16	参与监管村民群体性聚餐	2.29	0.71

四 调查设计与统计性分析

（一）问卷设计与调查组织

通过设计由村干部回答的调查问卷来获取村委会参与农村食品安全风险治理现实行为的数据。除了设置如表 1 所示的行为量表，问卷还设置了村干部的性别、年龄、受教育程度、在村委会中担任的职务等受访村干部的个体特征信息，以及村委会所管辖的人口、村干部每年人均补贴等村委会的基本特征信息。于 2014 年 5 月对江苏省无锡市滨湖区下辖的 12 个村委会展开预调查并修正与最终确定调查问卷，2014 年 8 月对山东省、江苏省、安徽省和河南省进行了正式调查。这 4 个省份既是我国食用农产品生产大省，又是食品消费大省，且这 4 个省份的发展水平具有明显的差异性，村委会的自治能力也各不相同。因此，以这 4 省份的村委会为样本可以大体测度现实情境下我国村委会参与农村食品安全风险治理能力的总体现状。调查面向上述 4 个省份所有的 63 个地级市，每个地级市随机选择 20 个行政村，共调查 1260 个村委会，获得有效调查 1242 份。在实际调查中，考虑到面对面的调查方式能有效避免受访者对所调查问题可能存在的认识上的偏误且问卷反馈率较高[60]，本调查安排经过训练的调查员对村干部进行面对面的访谈式调查。

（二）受访村干部的个体特征

表 2 显示，受访村干部中男性比例超过 80%，占绝大多数；年龄段在 46 ~ 60 岁、受教育程度为高中（包括中等职业）、担任村委会主任的受访村干部的比例最高，分别为 50.64%、45.17%、50.40%。大部分受访村干部的任职时间低于 5 年。

（三）村委会的基本特征

如表 3 所示，绝大多数被调查的村委会所辖人口在 5000 人以下，其中 1000 ~ 5000 人的比重超过一半；村委会组成人数的分布相对分散，3 人及以下、4 人、5 人的比重相对较高，分别为 28.18%、29.15% 和 21.10%；有 76.41% 的受访村干部认为村委会在村民中的影响力较大；68.60% 被调查的村干部每年人均补贴在 5000 元以下。

表 2　受访村干部的个体特征

特征描述	具体特征	频　数	有效比例（%）
性别	男	999	80.43
	女	243	19.57
年龄	18～25 岁	9	0.72
	26～45 岁	580	46.70
	46～60 岁	629	50.64
	61 岁及以上	24	1.94
受教育程度	小学及以下	40	3.22
	初中	368	29.63
	高中（包括中等职业）	561	45.17
	大专	198	15.94
	本科及以上	75	6.04
在村委会中担任的职务	村委会主任	626	50.40
	村委会副主任	261	21.02
	村委会委员	355	28.58
担任村干部的时间	1 年及以下	126	10.14
	2～3 年	258	20.77
	3～4 年	190	15.30
	4～5 年	207	16.67
	5 年及以上	461	37.12

表 3　村委会的基本特征

特征描述	具体特征	频　数	有效比例（%）
所辖人口	1000 人以下	370	29.79
	1000～5000 人	691	55.64
	5001～10000 人	143	11.51
	10000 人以上	38	3.06

续表

特征描述	具体特征	频　数	有效比例（%）
村委会组成人数	3 人及以下	350	28.18
	4 人	362	29.15
	5 人	262	21.10
	6 人	164	13.20
	7 人及以上	104	8.37
村干部对村委会影响力的评价	影响力较大	949	76.41
	影响力一般	202	16.26
	影响力较小	91	7.33
村干部每年人均补贴	5000 元以下	852	68.60
	5000～10000 元	256	20.61
	10000 元以上	134	10.79

（四）村委会行为的外部表现

表 1 显示，现实情境下村干部对村委会参与农村食品安全风险治理行为的判断大致处于 2～4 这个区间，即主要集中于“比较差”“一般”“比较好”3 种层次，而且受访村干部对题项 F8 打分的均值最高，表明受访村委会在协助举报与查处非法收购病死畜禽（如病死猪）的行为方面表现最好。相比于其他题项，题项 F3、F4、F6、F7、F9 的得分均值也相对较高，且以上 6 项（包括 F8）的内部差异较小（表现为标准差较小），显示与其他参与治理行为相比，村委会在兽药与添加剂滥用的治理、病死畜禽（如病死猪）的无害化处理、生猪屠宰的监管以及食品安全知识的科普与信息预警等方面也有相对较好的表现。而与之相对应的是，题项 F1、F2、F11、F12、F16 的得分均值相对较低，且这 5 项的内部差异相对较大，表明村委会在将参与风险治理纳入其基本职能、明确参与风险治理的村委会成员以及参与治理食品零售店、餐饮店、村民群体性聚餐等方面表现较差。同时，村委会在参与报告食物中毒事件及参与治理流动摊点、集贸市场、食品小作坊、滥用农药等方面在所有行为中表现一般。可见，在现实情境下，受调查的村委会在食用农产品生产环节的治理具有相对较好的表现，在食品流通消费环节的治理表现相对较差，食品安全风险治理职能建设维

度则分别表现出了较好和较差的两极化倾向。

五　结果分析

（一）样本的信度和效度检验

为了检验样本数据的可靠性，本文采用 SPSS 21.0 进行数据信度和效度检验。对于量表的内在信度（Internal Reliability），采用 Cronbach's α 作为评估指标，计算结果显示表 1 中 16 个题项的 Cronbach's α 系数高达 0.774，且删去任何一个题项，α 系数也无显著提高。同时单个题项与总体的相关系数均在 0.4 以上，可见量表内部的一致性、可靠性和稳定性较好，样本数据具有较高的可信度。进一步的，以 KMO 检验和 Bartlett's 球形检验为指标进行数据的效度检验。KMO 检验是测度数据量表效度的重要指标，反映了变量间拥有共同因子的程度，测度值越高（接近 1.0 时）表明变量间拥有的共同因子越多，说明所用数据越适于进行因子分析。表 4 显示量表的 KMO 值为 0.830，表明非常适合对量表数据进行因子分析。而 Bartlett's 球形检验显著性水平为 0.000，由此拒绝 Bartlett's 球形检验零假设，可以认为本问卷量表建构效度良好，满足进一步研究的需要。

表 4　KMO 检验和 Bartlett's 球形检验

KMO 检验		0.830
Bartlett's 球形检验	χ^2 检验	3336.815
	自由度	120
	显著性水平	0.000

（二）村委会行为的结构维度

本文采用因子分析以考察村委会参与农村食品安全风险治理现实行为的结构维度。初次因子分析结果显示，题项 F7、F9、F10、F13、F14、F15、F16 的平均信息提取量较低，故均删除。对余下的 9 个题项进一步做因子分析，运用方差最大正交旋转法对因子载荷矩阵进行旋转，解决初始载荷矩阵结构不够清晰、难以对因子进行解释的问题，通过 6 次迭代后得到如表5所示的9个题项的因子负荷量。表5显示，本文所提取的4个测度村委会参与食品安全风险治理现实行为能力的关键因子可解释66.09%的方差。其中，第一个因子可以解释29.15%的方差，题项F11和F12的因子载荷都在0.80以上，与参与流通消费环节中食品安全风险治理行为相关，可以聚合为食品安全流通消费因子；第二个因子可以解释13.89%的方差，其负荷系数绝对值较大的题项是F5、F6、F8，与参与食用农产品生产环节风险治理相关，可以聚合为食用农产品安全生产因子；第三个因子可以解释11.75%的方差，其负荷系数绝对值较大的题项是F3和F4，与职能建设中食品安全知识的科普和信息预警相关，通过各种途径帮助村民及时获得相关食品安全信息，可以聚合为宣传职能建设因子；第四个因子可以解释11.30%的方差，与F1和F2两个题项的因子载荷也都在0.80以上，与将参与风险治理纳入基本职能、明确参与风险治理的村委会成员等基础职能建设相关，可以聚合为基础治理职能建设因子。总体来看，表1中的食品安全风险治理职能建设维度可分解为宣传职能建设因子和基础治理职能建设因子，其他关键因子与本文表1构建的维度基本一致。

以上4个因子体现了现实情境下村委会参与农村食品安全风险治理的重点与治理方式。餐饮店、食品零售店等流通消费场所是食品安全流通消费因子所反映的治理重点，一旦这些场所发生由食品过期或食品不卫生而造成的食物中毒事件，就很容易在周围群体中造成不良影响，而且在村民的配合下治理效果相对比较明显。据作者在实际调研中的观察，一些受访的村干部不同程度地认为参与治理农村食品流通与消费的主要场所，防范食物中毒事件的发生容易见效，此类参与治理行为的方式可以称为效果追求型。食用农产品安全生产因子反映村委会参与治理的重点在食用农产品生产环节，重点监管村民农兽药等使用情况，这比食品安全流通消费因子更进一步，从本质上分析，这一参与方式可以从源头上防范食品安全风险，可以称之为源头治理型。职能建设中建立食品安全知识的科普与预警制度是宣传职能建设因子所反映的治理重点，表明村委会的职能重点就是在村域范围内进行食品安全相关信息的发布与宣传，此类参与治理行为的方式可以称为信息公开型。基础治理职能建设因子表明，村委会的职能建设逐步转型，已逐步将参与食品安全治理纳入其基础工作范畴，努力通过村委会基础职能的转变来实施食品安全风险治理的参与行为，村委会的这一参与治理行为的方式可以称为职能推动型。

因子方差贡献度越大，对提升村委会的食品安全风险治理能力的贡献就越大。食品安全流通消费因子的方差贡献度最大，表明对食品餐饮店、零售店等流通消费环节的治理是农村食品安全风险治理中最关键、最基础的环节，对其的治理能力直接影响村委会的风险治理能力，但根据表 1 的结果，现实情境下村委会在流通消费环节的表现相对较差，表明村委会在流通消费环节的现实治理行为与贡献度存在明显的不对称。其次为食用农产品安全生产因子，农村是食用农产品的生产来源，对滥用农兽药与添加剂、非法收购病死畜禽（如病死猪）等行为的治理也是村委会风险治理能力的重要体现，是农村食品安全风险治理的第二个重要环节，村委会在这方面的表现相对较好。宣传职能建设因子和基础治理职能建设因子的方差贡献度基本相似，这是农村食品安全风险治理的更高环节，能在前两个环节的基础上优化村委会的风险治理能力。在这两个因子的驱动下，村委会将设置合理、全面的食品安全风险治理职能，这对于全面提升村委会的风险治理能力具有重要意义。然而表 1 显示，在现实情境下，基础治理职能建设因子是村委会风险治理行为中表现最差的，说明村委会亟须加强食品安全基础治理职能建设。

表 5 旋转后的因子载荷矩阵

调查题项	因子 1 食品安全流通消费因子	因子 2 食用农产品安全生产因子	因子 3 宣传职能建设因子	因子 4 基础治理职能建设因子
F12	0.870	0.065	0.143	0.089
F11	0.849	0.169	0.128	0.088
F8	0.121	0.735	0.118	-0.039
F6	0.158	0.730	0.191	0.030
F5	-0.032	0.633	-0.107	0.355
F3	0.103	0.116	0.845	0.073
F4	0.164	0.083	0.832	0.092
F2	0.044	-0.033	0.189	0.781

续表

调查题项	因子 1	因子 2	因子 3	因子 4
	食品安全流通消费因子	食用农产品安全生产因子	宣传职能建设因子	基础治理职能建设因子
F1	0.124	0.176	-0.006	0.712
特征值	2.624	1.250	1.057	1.017
特征值方差	29.15%	13.89%	11.75%	11.30%

（三）村委会行为的分类维度

可以采用快速聚类法（K-Means 聚类算法）分类描绘村委会参与食品安全风险的治理行为。作为一种常用的硬聚类算法，快速聚类法具有算法简单、聚类速度快的特点，这主要得益于其事先指定远远小于记录个数的类别数，可以减少计算量而明显提高计算的速度。因此，K-Means 聚类算法被广泛应用于处理多变量、较大样本数据，不占用太多计算空间和时间且效果明显[61]。以 4 个因子得分作为聚类分析的变量，其方差分析结果如表 6 所示。对聚类结果的类别间距离进行方差分析，结果表明，类别间距离差异的概率值均为 0.000 < 0.001，即聚类效果满足分析的要求。

表 6　4 个因子聚类结果方差分析

	聚类		残差		F 统计量	显著性水平
	均值平方	自由度	均值平方	自由度		
因子得分 1	283.170	3	0.316	1238	895.465	0.000
因子得分 2	257.822	3	0.378	1238	682.697	0.000
因子得分 3	253.562	3	0.388	1238	653.552	0.000
因子得分 4	237.115	3	0.398	1238	237.222	0.000

K-Means 聚类的最终结果如表 7 所示，综合表 6 和表 7，基于风险治理的参与行为可以将村委会分为 4 个类型。在 4 个类型的村委会中，Ⅰ类型的村委会占 31.08%，此类型的村委会既不参与食用农产品生产和食品流通消费环节的风险治理，且并未将食品安全风险治理有效地纳入其基本职能之中，村委会职能未能与时俱进地实施改革，在食品安全治理方面几

乎没有作为，可以称之为“参与传统型”村委会。Ⅱ类型的村委会占 34.30%，此类型的村委会相对注重食品流通消费环节的治理，但并不关注食用农产品生产的风险治理，尚且没有展开参与风险治理的职能建设，可以称之为“参与起步型”村委会。Ⅲ类型的村委会占 16.34%，此类型的村委会相对注重食品流通消费环节的风险治理和宣传职能建设，但在参与食用农产品生产环节风险治理上的作用有限，且在基础治理职能建设上也基本属于传统形态，可以称之为“参与断点型”村委会。Ⅳ类型的村委会占受访村委会的 18.28%，此类型的村委会既注重参与风险治理的职能建设，又关注食用农产品生产环节的治理，同时也较重视食品流通消费环节的治理，相对而言，Ⅳ类型的村委会较为全面地参与食品安全风险治理，可以称之为“参与全面型”村委会。

表 7　聚类分析结果

项　目	Ⅰ参与传统型	Ⅱ参与起步型	Ⅲ参与断点型	Ⅳ参与全面型
食品安全流通消费因子	1.18379	-0.80968	-0.24268	-0.27645
食用农产品安全生产因子	0.22286	0.48545	0.40617	-1.65321
宣传职能建设因子	0.33116	0.55601	-1.69740	-0.08863
基础治理职能建设因子	0.11993	-0.05920	0.13673	-0.21511
样本量	386	426	203	227
比例（%）	31.08	34.30	16.34	18.28
治理行为特征	不注重食用农产品生产、食品流通消费环节的治理，也不注重基础治理职能建设和宣传职能建设	注重食品流通消费环节的治理，不注重食用农产品生产环节的治理和宣传职能建设，也不太注重基础治理职能建设	注重宣传职能建设，也比较注重食品流通消费环节的治理，但不注重食用农产品生产环节的治理和基础治理职能建设	注重基础治理职能建设和食用农产品生产环节治理，也比较注重食品流通消费环节的治理和宣传职能建设

注：表中一、二、三、四行各数字为类别中心点，也就是各类别在各因子上的平均值。得分越小，表明该类越注重该因子。

六 主要结论与政策建议

根据以上分析，本文构建了如图 1 所示的村委会参与农村食品安全风险治理的行为路径，为提高我国村委会参与风险治理的能力提出理论依据。通过对现实情境下村委会参与农村食品安全风险治理行为的测度，我们可以得出以下结论。

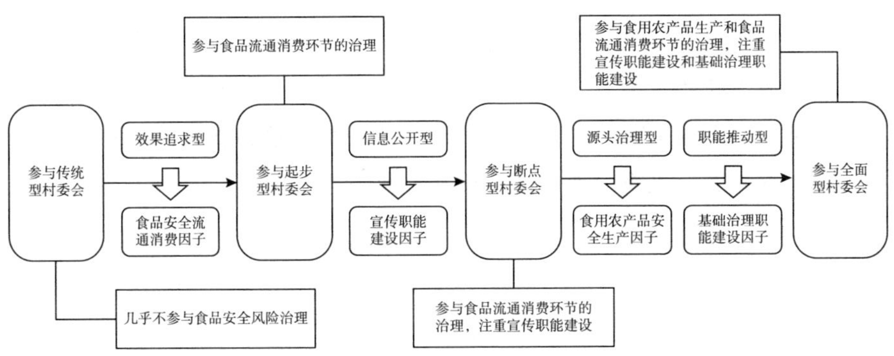

图 1 村委会参与农村食品安全风险治理的行为路径

第一，村委会参与农村食品安全风险治理的行为表现并不乐观。整体而言，村委会在将参与风险治理纳入基本职能与明确参与风险治理的村委会成员等方面表现最差，表明现实情境下绝大多数村委会并未将食品安全治理纳入其基本工作重心，食品安全的治理工作在职能建设层面便没有受到重视。村委会在食品流通消费环节的治理表现也较差，这与其在农村食品安全治理中方差贡献度最大的地位存在明显的不对称。因此，目前亟须加大对村委会的政策支持力度，引导其加快职能转变，提高食品安全治理的能力和水平。

第二，村委会参与农村食品安全风险治理行为的结构维度明显，内含食用农产品安全生产、食品安全流通消费、宣传职能建设和基础治理职能建设 4 个因子，体现了村委会参与风险治理的不同重点和行为方式：食用农产品生产环节与源头治理型、流通消费环节与效果追求型、宣传职能建设与信息公开型、基础治理职能建设与职能推动型。可见，村委会参与农村食品安全风险治理的行为并非简单表现为治理或不治理，而是呈现复杂多维的形态，其深层次的治理重点和行为方式也并不相同。相应的，加强相关制度建设显然不能依赖于对村委会参与风险治理行为的表面认识，而是要依据村委会的深层次的治理行为方式来制定政策。

第三，村委会参与农村食品安全风险治理行为的分类维度表明可以将村委会划分为 4 种不同的类型：参与传统型村委会、参与起步型村委会、参与断点型村委会和参与全面型村委会，它们在参与风险治理的行为上存在显著差异。这对更好地认识我国村委会参与风险治理的行为特征有着重要意义，可以对不同类型的村委会实施有针对性的政策，不仅节约成本而且可以明显提高政策效果。值得注意的是，仅有 18.28% 的村委会属于参与全面型，而有近 1/3 的村委会属于参与传统型，这再次表明我国村委会参与农村食品安全风险治理的现实行为表现并不乐观。

参考文献

[1] 吴林海、尹世久、王建华：《中国食品安全发展报告（2014）》，北京大学出版社，2014。

[2] 吴林海、王建华、朱淀：《中国食品安全发展报告（2013）》，北京大学出版社，2013。

[3] 李梅、周颖、何广祥等：《佛山城乡居民食品安全意识的差异性分析》，《中国卫生事业管理》2011 年第 7 期。

[4] 廖天虎：《论我国农村食品安全的控制体系》，《农村经济》2013 年第 3 期。

[5] 范海玉、申静：《公众参与农村食品安全监管的困境及对策》，《人民论坛》2013 年第 23 期。

[6] 吴卫：《农村流通环节食品安全监管问题探讨：以湖南省为例》，《消费经济》2009 年第 6 期。

[7] 倪楠：《农村食品安全监管主体研究》，《西北农林科技大学学报》（社会科学版）2013 年第 4 期。

[8] Commission on Global Governance, *Our Global Neighbourhood: The Report of the Commission on Global Governance*, London: Oxford University Press, 1995.

[9] Cantley, M., "How Should Public Policy Respond to the Challenges of Modern Bio-

technology," *Current Opinion in Biotechnology*, 2004, 15 (3): 258 -263.

[10] Halkier, B., Holm, L., "Shifting Responsibilities for Food Safety in Europe: An Introduction," *Appetite*, 2006, 47 (2): 127 -133.

[11] Caduff, L., Bernauer, T., "Managing Risk and Regulation in European Food Safety Governance," *Review of Policy Research*, 2006, 23 (1): 153 -168.

[12] Henson, S., Caswell, J., "Food Safety Regulation: An Overview of Contemporary Issues," *Food Policy*, 1999, 24 (6): 589 -603.

[13] Henson, S., Hooker, N., "Private Sector Management of Food Safety: Public Regulation and the Role of Private Controls," *International Food and Agribusiness Management Review*, 2001, 4 (1): 7 -17.

[14] Codron, J. M., Fares, M., Rouvière, E., "From Public to Private Safety Regulation? The Case of Negotiated Agreements in the French Fresh Produce Import Industry," *International Journal of Agricultural Resources Governance and Ecology*, 2007, 6 (3): 415 -427.

[15] Vos, E., "EU Food Safety Regulation in the Aftermath of the Bes Crisis," *Journal of Consumer Policy*, 2000, 23 (3): 227 -255.

[16] Flynn, A., Carson, L., Lee, R. et al., "The Food Standards Agency: Making a Difference, Cardiff: The Centre for Business Relationships, Accountability, Sustainability and Society (Brass)," *Cardiff University*, 2004.

[17] Ansell, C., Vogel, D., *The Contested Governance of European Food Safety Regulation. In What's the Beef: The Contested Governance of European Food Safety Regulation*, Cambridge, Mass: Mit Press, 2006.

[18] Eijlander, P., "Possibilities and Constraints in the Use of Self - Regulation and Co - Regulation in Legislative Policy. Experiences in the Netherlands - Lessons to be Learned for The EU," *Electronic Journal of Comparative Law*, 2005, 9 (1): 1 -8.

[19] Maynard - Moody, S., Musheno, M., *Cops, Teachers, Counsellors: Stories from the Frontlines of Public Services*, Ann Arbor, Mi: University Of Michigan Press, 2003.

[20] Jeannot, G., "Les Fonctionnaires Travaillent - Ils de Plus En Plus? Un Double Inventaire Des Recherches Sur L'Activité Des Agents Publics," *Revue Française De Science Politique*, 2008, 58 (1): 123 -140.

[21] Rouvière, E., Caswell, J. A., "From Punishment to Prevention: A French Case Study of the Introduction of Co - Regulation in Enforcing Food Safety," *Food Policy*, 2012, 37 (3): 246 -255.

[22] Fearne，A.，Martinez，M. G.，“Opportunities for the Coregulation of Food Safety：Insights from the United Kingdom，” *Choices：The Magazine of Food，Farm and Resource Issues*，2005，20（2）：109 - 116.

[23] 王艳翠：《农村突发公共卫生事件应急管理机制探究：以政府的食品安全规制职能为视角》，《中国食品卫生杂志》2010 年第 2 期。

[24] Antle，J. M.，“Effcient Food Safety Regulation in the Food Manufacturing Sector，” *American Journal of Agricultural Economics*，1996，（78）：1242 - 1247.

[25] Burton，A. W.，Ralph，L. A.，Robert，E. B. et al.，“Disease and Economic Development：The Impact of Parasitic Diseases in St. Luci，” *International Journal of Social Economics*，1974，1（1）：111 - 117.

[26] Cohen，J. L.，Arato，A.，*Civil Society and Political Theory*，Cambridge，Ma：Mit Press，1992.

[27] Mutshewa，A.，“The Use of Information by Environmental Planners：A Qualitative Study Using Grounded Theory Methodology，” *Information Processing and Management：An International Journal*，2010，46（2）：212 - 232.

[28] Davis，G. F.，Mcadam，D.，Scott，W. R.，*Social Movements and Organization Theory*，Cambridge：Cambridge University Press，2005.

[29] King，B. G.，Bentele，K. G.，Soule，S. A.，“Protest and Policymaking：Explaining Fluctuation in Congressional Attention to Rights Issues，” *Social Forces*，2007，86（1）：137 - 163.

[30] Bailey，A. P.，Garforth，C.，“An Industry Viewpoint on the Role of Farm Assurance in Delivering Food Safety to the Consumer：The Case of the Dairy Sector of England and Wales，” *Food Policy*，2014，（45）：14 - 24.

[31] 欧元军：《论社会中介组织在食品安全监管中的作用》，《华东经济管理》2010 年第 1 期。

[32] 郭志全：《民间组织与中国食品安全》，《安徽农业大学学报》（社会科学版）2010 年第 4 期。

[33] 王晓芬、邓三：《农村食品安全监管的非权力之维》，《行政与法治》2012 年第 6 期。

[34] 毛政、张启胜：《基于 NGO 参与食品安全监管作用研究》，《中国集体经济》2014 年第 33 期。

[35] 张雨、何艳琴、黄桂英：《试议农产品质量标准与农民专业合作经济组织》，《农村经营管理》2003 年第 9 期。

[36] 黄俐华：《广东省农民专业合作经济组织运作模式的实证分析》，《广东农业科学》2007 年第 3 期。

[37] 任国之、葛永元：《农村合作经济组织在农产品质量安全中的作用机制分析——以嘉兴市为例》，《农业经济问题》2008 年第 9 期。

[38] 黄季焜、邓衡山、徐志刚：《中国农民专业合作经济组织的服务功能及其影响因素》，《管理世界》2010 年第 5 期。

[39] 张梅、郭翔宇：《食品质量安全中农业合作社的作用分析》，《东北农业大学学报》（社会科学版）2011 年第 2 期。

[40] 白丽、巩顺龙：《农民专业合作组织采纳食品安全标准的动机及效益研究》，《社会科学战线》2011 年第 12 期。

[41] 巩顺龙、白丽、杨印生：《农民专业合作组织的食品安全标准扩散功能研究》，《经济纵横》2012 年第 1 期。

[42] 张千友、蒋和胜：《专业合作、重复博弈与农产品质量安全水平提升的新机制：基于四川省西昌市鑫源养猪合作社品牌打造的案例分析》，《农村经济》2011 年第 10 期。

[43] 陈新建、谭砚文：《基于食品安全的农民专业合作社服务功能及其影响因素：以广东省水果生产合作社为例》，《农业技术经济》2013 年第 1 期。

[44] 贺岚：《广东地区农民合作经济组织关于食品安全认识的现状调查》，《广东农业科学》2014 年第 2 期。

[45] Gunningham, Sinclair, *Assumption that Industry Knows Best how to Abate Its Own Environmental Problems*, London, 1997.

[46] 詹承豫、刘星宇：《食品安全突发事件预警中的社会参与机制》，《山东社会科学》2011 年第 5 期。

[47] 刘文萃：《食品行业协会自律监管的功能分析与推进策略研究》，《湖北社会科学》2012 年第 1 期。

[48] 郭琛：《食品安全监管：行业自律下的维度分析》，《西北农林科技大学学报》（社会科学版）2010 年第 5 期。

[49] 孙艳华：《消费合作社：我国农村食品安全保障机制之创新》，《农村经济》2006 年第 4 期。

[50] 孙艳华、应瑞瑶：《制度演进——基于消费合作社的农村食品安全保障机制建构》，《经济体制改革》2006 年第 2 期。

[51] 周永博、沈敏：《基层社会自组织在食品安全中的作用》，《江苏商论》2009 年第 10 期。

[52] 徐旭晖：《浅析供销合作社在农药市场中的作用》，《上海农业学报》2012 年第 2 期。

[53] 荣敬本、崔之元：《从压力型体制向民主合作体制的转变：县乡两级政治体制改革》，中央编译出版社，1998。

[54] 李晓玲：《实践困境与关系重塑：新形势下村庄治理的一种解读》，《哈尔滨市委党校学报》2015 年第 1 期。

[55] 陈丽华：《论村民自治组织保护环境的法律保障》，《湖南大学学报》（社会科学版）2011 年第 2 期。

[56] 于华江、唐俊：《农民环境权保护视角下的乡村环境治理》，《中国农业大学学报》（社会科学版）2012 年第 4 期。

[57] 朱婧：《农村食品安全中政府监管行为与监管绩效的研究——基于 L 镇蔬果类食品的考察》，华中农业大学学位论文，2012。

[58] 张英、刘俏：《流通领域农产品质量安全对策研究》，《知识经济》2015 年第 8 期。

[59] 鲍金勇、程国星、李迪：《广东省农村食品安全科普教育现状调查与思考》，《广东农业科学》2012 年第 23 期。

[60] Boccaletti，S.，Nardella，M.，“Consumer Willingness to Pay for Pesticide - Free Fresh Fruit and Vegetables in Italy，” *The International Food and Agribusiness Management Review*，2000，3（3）：297 - 310.

[61] 林震岩：《多变量分析 SPSS 的操作与应用》，北京大学出版社，2007。

Contents

Abstract: Agricultural cooperative organization helps to regulate the behavior of the farmers, plays a positive role in improving the quality and safety of agricultural products. Currently, farmers are willing to participate in the cooperatives. However, does the intention means the action? Based on the survey data of 651 farmers from Chinese country, this paper used the extended theory of planed behavior to analysis the effect factors of the will and behaviors of farmers' participation in Cooperatives respectively. The result shows that, there are differences between the will and behaviors of farmers' participation in Cooperatives. TPB is suitable to analysis the willingness of farmers' participation in Cooperatives, but it is inapplicable in behavior research. Attitude, subjective norms and perceived control significantly affects the willingness of farms, while the behavior of farmers participating in cooperatives is depended on attitude and the function of cooperatives. Farmer's perception of cooperatives is negatively related to their participating behavior.

Key words: Farmers Cooperatives; Cooperative Willingness; Behaviors; Theory of Planed Behavior; Quality and Safety

Abstract: This paper utilizes seven provinces nationwide rice production data by propensity score matching method (Propensity Score Matching, PSM), excluding the self - selection problem of endogenous influence, to evaluate the difference in species and quantity of pesticides application between Regional Pest Control and dispersed insect control by farmers. That is to say, whether this professional plant protection has achieved good environmental benefits and provided safe food for people? The research conclusions can provide the reference for implementation of Regional Pest Control program from the perspective of the supply of safe food. The research results show that the use quantity of the pesticide has been reduced significantly through implementation of Regional Pest Control program, improved the application of environmental - friendly pesticides and there are significant differences in pesticide application between small - scale growers and large - scale growers who have adopted the program. It is therefore recommended to improve the program's financial support, strengthen epidemic forecasting, improve control effect and improve the program's coverage. Furthermore, the authority should strengthen the guidance and training of professional pest control, encourage farmland transfer and promote agricultural production scale operation.

Key words: Regional Pest Control Program; Propensity Score Matching; Pesticides Application; Endogenous Problem; Food Safety

The Impact of Climate Change on Quality and Safety of Rice

—Based on the Survey of 1063 Farmers in Main Rice Production Region

Liu Qing　Zhou Jiehong　Wang Yu　/ 037

Abstract: Based on the questionnaire survey of 1063 farmers in main rice production areas, this paper studies the impact of climate change on farmers' use of pesticides and chemical fertilizers both subjectively and objectively. "perception of climate change" is used as the measurable indicator of the influence of climate change on farmers. The result shows that the core variable "perception of climate change" of farmers has a significant effect on the use of pesticides and fertilizers. it is found that farmers who are more aware of the climate change will increase the amount of pesticides and fertilizers in order to mitigate the potential loss. In addition, risk attitudes, whether to participate in agricultural industrialization organization also greatly affect farmers' pesticides and fertilizers behaviors. Based on the above findings, this paper put forward some corresponding countermeasures and suggestions.

Key words: Climate Change; Quality and Safety of Rice; Perception of Climate Change; Use of Pesticides and Fertilizers

Analysis on the Production Situation and Technical Efficiency of Farmers based on the Characteristics of Farmers' Population

—The Micro Data of 1370 Farmers from the Yangtze River Valley

Abstract: The Yangtze River 12 provinces (municipalities) of 1370 rape planting micro household survey data, using the stochastic frontier production function model and the efficiency loss model, analysis of the Yangtze River Basin and the upper and downstream areas, farmers planting rape basic production conditions and demographic characteristics, production technical efficiency loss and the main influence factors of the differences. The Yangtze River Basin found that rape planting farmers aging phenomenon, the relative lack of labor force; the Yangtze River Basin average efficiency level of about 81.41%, there are still 18.59% possibilities of progress; because of the climate, the level of economic development, topography and other local conditions, factors affecting the same production on the Yangtze River, the middle and lower reaches of rapeseed production in different regions have a certain distinction, in addition, farmers population three characteristics, influence factors on the same loss of technical efficiency of rural households in different areas are also different; with respect to the young farmers, points of elderly farmers than the young and middle - aged farmers showed the level of technical efficiency is higher and more stable, and the elderly farmers average technical efficiency the lowest level, relatively large fluctuations.

Key words: Yangtze River Basin; Technical Efficiency; Stochastic Frontier Production Function; Efficiency Loss Model

Study on Supply – side Reform of Traceable Pork Supply based on the Consumer Preference of Origin Information Attributes

Abstract: In this study, real choice experiment (RCE) analysis combined with Logit model was used to investigate the consumers' preference for traceable pork hindquarters with different levels of attributes. In the setting of the attributes of pork traceability information, authenticity certification and price information, the attribute of origin information was added into the traceability information system. Research on consumers' perception of these origin labels and willingness to pay for them, as well as the main factors influencing consumers' purchase choice to traceable pork with origin label were studied in the research. The results showed that, among the different levels and attributes information that make up the traceability pork profiles, the government's certification traceability information was the most preferred attribute for consumers, followed the high level traceability information attributes, and that consumers preferred traceable pork with local origin label to the one with out – of – town origin label. Besides, consumers' perception of origin label and family income significantly influenced their pork purchase choice. From the perspective of the supply – side structural reform, it suggests that the traceability of pork production should be guided through the implementation of accurate tax policy. By this way, it may solve the structural imbalance of the varieties of the obvious problems, meet the different needs of consumer groups of different income through rich and colorful traceable pork market supply, and expand the traceability pork market capacity through the demand side to further promote the reform of the supply side.

Key words: Traceable Pork; Origin Label; Real Choice Experiment; Supply – side Reform

The Analysis of Differences between Regional Rural Food Security Consumer Attitudes and Behaviors

Abstract: At this stage, China's food security situation is not optimistic and food safety incidents occur frequently. Food safety issue is a multifaceted, multi – level, multi – field and multi – link global issue. Consumers play an important role in food produce and governance processes of food safety issue. Reality shows that there are some differences in food safety consumer's attitudes and behaviors. Most of the existing research to analyze the factors that affect food safety consumer's attitudes and behaviors and ignore this phenomenon. This paper makes empirical analysis on data of rural consumers' attitudes, desires and behaviors to food safety of 500 natural villages in 20 provinces of China by introducing the concept of spatial geographic analysis and using the global Moran'I index and local Moran'I autocorrelation index. The results show: At the present stage , Chinese rural residents generally hold higher levels of food safety consumer attitudes; At the same time, In rural areas of the central realities of empirical validation available, there are differences between rural food security consumer attitudes, consumer willingness and consumer behavior. A high level of consumer attitudes to food safety is not an absolute form a high level of food safety consumer will thus not be able to form a high level of food safety consumer behavior; The main factors causing differences between food security consumer attitudes and consumer behavior include: subjective normative role, perceived behavioral control, rural consumers inherent spending habits, safe food consumption infrastructure, government regulatory certification efforts, related policies and systems. Finally, this paper puts forward relevant suggestions for the safety of rural residents' food consumption attitudes and behavior differences reality phenomenon. Mainly include: Strengthening food security coverage and publicity; Increasing scientific technology investment; Improving food security in rural market circulation system; Strengthening food inspection and other.

Key words: Food Safety; Consumer Attitudes; Consumer Behavior; Variance Analyze; Influence Factor

Relationship Research on Home Food Handling Risk Behavior Characteristics and Foodborne Disease

Abstract: To empirical measure home food handling risk behavior characteristics, the meaning of home food handling risk behavior was defined based on previous research findings and the realities in China in this study. The current home food handling risk behaviors in China were analyzed based on sampling survey data from 2163 households in 10 provinces in China under theory of practical, using factor analysis and cluster analysis. On this basis, in order to determine critical risk behavior characteristics and key risk population characteristics, the relationship between home food handling risk behavior characteristics and foodborne disease was analyzed using the ordered multinomial logistic model, with foodborne diarrhea as a study case. The survey found that corresponding to the food safety behavior, home food handling risk behaviors characterized mainly for food transport, frozen food and leftovers mishandled, cross - contamination among kitchen cleaning supplies, cross - contamination between raw and cooked foods, hygiene risk, uncompleted cooking. Cross - contamination between raw and cooked foods, and leftovers mishandled were major risk behavior characteristics of family food - borne diarrhea. The key risk family populations were male, married, older, households of few members, lower education and occupation of stability, and lower individual income and household income levels. The home is the last line to prevent foodborne illness, the government should be committed to communicate with consumers, to enhance consumer awareness of responsibility, to use the differentiation strategy to improve food handling risk habits of household consumer, and to implement the foodborne disease prevention strategy.

Key words: Food Handling Risk Behavior Characteristics; Foodborne Disease; Home; Theory of Practical

Research on Consumer Preference for Quality Signal Attributes of Infant Milk Formula Powder

—Case based on Choice Experiment

Abstract: Taking infant milk formula powder as example, in this paper four food safety attributes were selected to be included in the choice experiment: organic certification label, traceability label, distribution channels and price. The survey was carried out in Jinan city, Qingdao city and Yantai city in Shandong province. We use latent class model analysed the consumers' preference for infant milk formula powder's attributes. The estimating results show that the consumers can be divided into four classes including certification preferring class, distribution channels preferring class, worried class and price sensitivity class. Based consumers' preference is heterogeneous, the factories should produce different products according to the characteristics of different consumer class, in order to meet their heterogeneous demand. Speed up the construction of the milk's traceability system, in order that the government could in time trace to the direct responsibility subject, punish the relevant subject and compensate the consumers immediately after the milk quality event occurs. The government should enhance the construction of the information exchange system, perfect the channel and method of information exchange, in order that undermine the consumers' worried level for the food safety risk and improve their trust level.

Key words: Infant Milk Formula Powder; Organic Certification Label; Traceability Label; Willingness to Pay; Choice Experiment; Latent Class Model

The Influential Effect of Government Implemented Combined Policies to Disposal of Dead Pigs Harmlessly on Farmers' Behavior

Chen Xiujuan　Lyu Yuxin　Xu Guoyan　Wang Xiaoli　/ 155

Abstract: Based on a survey of pig farmers in four main pig production provinces in China, Jiangsu, Anhui, Hubei, and Hunan, pig farmers' knowledge and evaluation of current combined government policies for the safe disposal of dead pigs were analyzed. In addition, disposal of dead pigs by pig farmers in realistic situations was investigated. Furthermore, the influential effects of combined government policies on the disposal of dead pigs by pig farmers were examined using Decision Making Trial and Evaluation Laboratory (DEMATEL). Results indicated that the issue of disposal of dead pigs by farmers was very complex and was influenced by the combination of subsidy and compensation, facility and technology, and supervision and punishment policies. Moreover, the different types of policies had different effects and interacted with each other. Supervision and punishment policies were the most influential policies in this combination. There remains an urgent need to improve facility and technology policies for regulating the current state of the disposal of dead pigs by farmers.

Key words: Pig Farmers; Disposal of Dead Pigs; Combined Policies; Influential Effect; DEMATEL

Whistleblowing in Food Defense

—Behavior and Incentive Mechanisms

Wei Zhenzhen　Zhou Xiao　Zhou Qingjie　/ 172

Abstract: The severe situation of food safety, caused by intentional adulteration and vicious contamination, has become a serious threat to social stability and economic development of China. Therefore, it is urgent and crucial to effectively improve the efficiency of food safety regulation and the level of food defense, and the fundamental and key problem needed to deal with is to eliminate the obvious information asymmetry between regulation authorities and food enterprises. Theoretical researches and practical experiences indicate that the whistleblowing mechanism, which has been widely applied in several fields such as antitrust and crime prevention, is an important and feasible measure to solve information asymmetry, improve regulation efficiency, save regulatory cost and increase social welfare. In order to deeper understanding about the whistleblowing mechanism of food safety, hence, we carry on game analysis about the behavior mechanism of insider, a former or current member of firm who has acquired information and proofs about the illegal, immoral, or illegitimate practices under the control of his employer, and the interaction of between the insider and regulation authorities in the context of food defense, and try to provide theoretical support for building and improving this kind of mechanism. We mainly investigate the factors influencing the insider's whistleblowing decision and related effect on regulation efficiency, and then, explore the efficient and reliable ways that can enhance the regulation efficiency. Based on the research results, finally, we put forward some policies and suggestions which are helpful to improve food defense and guarantee social benefits.

Key words: Food Defense; Whistleblowing; Incentive Mechanisms; Monte Carlo Method

Cognitive Appraisal and Satisfaction Survey on the Implementation Effect of Government Pig Farming Support Policy from the Perspective of Farmers

Abstract: In this study, effectiveness of current pig farming support policies implemented by the government was evaluated from the perspective of farmers based on survey data from Jiangsu, Anhui, Hunan, and Hubei provinces. The main factors affecting the policy implementation effectiveness evaluation were also analyzed. Results showed that pig farming support policies implemented by the government played an important role in resisting risks and motivating farmers. Despite the poor effectiveness of some policies, overall, pig farmers were "basically satisfied" with the pig farming support policies. The pig farming support policies, in ascending order of farmers' effectiveness evaluation, were productive sow insurance subsidies, productive sow subsidies, subsidies for animal epidemic prevention, subsidies for improved pig breeds, and standardized large - scale farming. Moreover, the evaluation of policy effectiveness was significantly higher among male farmers than female farmers, and among medium - and large - scale farmers than small private farmers.

Key words: Pig farmers; Support Policies; Effectiveness Evaluation; Influencing Factors

Research on Village Committee's Behavior of Rural Food Safety Risk Governance in Actual Situation

Abstract: Based on the survey of 1242 village committee in Shandong, Jiangsu, Anhui and Henan Province, we study village committee's behavior of rural food safety risk governance in actual situation by using factor analysis and cluster analysis method. The results showed that the village committee's behavior includes four factors, such as edible agricultural products safety factor, food safety factor of consumption and circulation, propaganda factor and basic governance function factor, which are respectively corresponding to different governance focus and mode: the production of edible agricultural products and the source governance, the consumption and circulation of food and the effect governance, propaganda and information disclosure, basic function and function driven governance. Then the village committee are divided into four types: the traditional, the starting, the breakpoint and the full - scale. These conclusions have important effects on promoting the village committee's function in the new historical period to participate in the rural social governance, especially to the rural food safety risk governance.

Key words: Village Committee; Food Safety; Co - Governance; Factor Analysis; Cluster Analysis

图书在版编目(CIP)数据

中国食品安全治理评论 . 2016 年 . 第 1 卷:总第 4 卷 / 吴林海主编 . --北京:社会科学文献出版社, 2016. 7

ISBN 978 - 7 - 5097 - 9411 - 1

Ⅰ. ①中… Ⅱ. ①吴… Ⅲ. ①食品安全 - 安全管理 - 研究 - 中国 Ⅳ. ①TS201. 6

中国版本图书馆 CIP 数据核字(2016)第 147316 号

中国食品安全治理评论 (2016 年第 1 卷　总第 4 卷)

主　　编 / 吴林海
执行主编 / 王建华

出 版 人 / 谢寿光
项目统筹 / 周　丽　颜林柯
责任编辑 / 颜林柯

出　　版 / 社会科学文献出版社·经济与管理出版分社(010)59367226
　　　　　地址: 北京市北三环中路甲 29 号院华龙大厦　邮编: 100029
　　　　　网址: www. ssap. com. cn
发　　行 / 市场营销中心 (010) 59367081　59367018
印　　装 / 三河市尚艺印装有限公司

规　　格 / 开 本: 787mm × 1092mm　1/16
　　　　　印 张: 16　字 数: 240 千字
版　　次 / 2016 年 7 月第 1 版　2016 年 7 月第 1 次印刷
书　　号 / ISBN 978 - 7 - 5097 - 9411 - 1
定　　价 / 69. 00 元